基于全栈中间件的
信创实践
技术与方法

刘 相 曹宗伟 孟庆余 著

清华大学出版社
北京

内 容 简 介

面对信创产业蓬勃发展的产业机遇以及数字化转型的时代浪潮，企业需要不断提升应对挑战的能力，把握时代机遇，实现发展和腾飞。本书围绕全栈中间件的技术体系，聚焦企业在落地信创工作过程中的重点和难点，给出富有建设性的意见和建议，并提供一些行之有效的实践方法和操作步骤。

全书共7章。通过阐述全栈信创是应用架构发展的必然趋势，揭示中间件架构分布式与云化的技术演进所带来的应用架构的变化及其对于信创迁移的影响；通过应用支撑类中间件对高可靠性和高性能的支撑，以及应用集成架构设计、迁移规划和应用集成架构重构，为打造稳定的信创基础设施环境奠定了基础；通过讨论信创环境下云原生架构的核心框架和关键要点，以及数据管理体系的核心框架规划、主数据管理体系建设和数据资产管理体系建设等方面的内容，为信创背景下的数字化转型升级指明了路径。本书最后用系统方法论思路阐述应用迁移模型方法论、公司评估和应用评估等方面的重点与难点分析，以及应用迁移策略和工作规划等方面的内容。

本书为正处于信创实践过程中的信息化决策者、技术架构规划者、项目经理、架构师、CTO、CIO提供了全栈信创的实践指南，有助于读者全面了解全栈信创的相关实践技术和实施方法。

图书在版编目（CIP）数据

基于全栈中间件的信创实践技术与方法 / 刘相，曹宗伟，孟庆余著. 一北京：
清华大学出版社，2024.1
ISBN 978-7-302-64916-8

Ⅰ.①基… Ⅱ.①刘… ②曹… ③孟… Ⅲ.①系统软件 Ⅳ.①TP31

中国国家版本馆CIP数据核字（2023）第219665号

责任编辑：夏毓彦
封面设计：王 翔
责任校对：闫秀华
责任印制：沈 露

出版发行：清华大学出版社
    网　　址：https://www.tup.com.cn，https://www.wqxuetang.com
    地　　址：北京清华大学学研大厦A座   邮　　编：100084
    社 总 机：010-83470000   邮　　购：010-62786544
    投稿与读者服务：010-62776969，c-service@tup.tsinghua.edu.cn
    质量反馈：010-62772015，zhiliang@tup.tsinghua.edu.cn

印 装 者：三河市龙大印装有限公司
经　　销：全国新华书店
开　　本：190mm×260mm 印　　张：14.25 字　　数：385千字
版　　次：2024年1月第1版 印　　次：2024年1月第1次印刷
定　　价：69.00元

产品编号：104982-01

前　言

在当前数字化时代，信息技术的发展日新月异，对于企业来说，想要在竞争激烈的市场中立于不败之地，就必须紧跟时代的步伐。信创作为当前产业发展的必然趋势，既是政策驱动的一场产业变革，更是技术演进驱动的一场技术变革。应对这场变革，企业需要做好万全准备，并借势扬帆起航。

纵观业界探讨信创迁移和实施的著作，多数聚焦于单一技术领域，少有从客户信息化全局视角，辅助客户规划信创实施路径的书籍。本书的出版，填补了这一空白，全书围绕全栈中间件的技术体系，聚焦企业在落地信创工作过程中的重点和难点，给出富有建设性的意见和建议，同时提供了一些行之有效的实践方法和操作步骤。

本书是我们在信创领域的一部倾力之作，希望通过本书能帮助读者更好地了解全栈信创的趋势，有效地解决企业在应用迁移过程中的难题。

本书共分为 7 章：

第 1 章重点介绍全栈信创的必然趋势和中间件走向全栈的必然性，以及全栈式中间件在推进国产化技术实施和创新中的作用。

第 2 章着重讲解应用支撑中间件高可靠和高效治理的方案，包括负载均衡高可靠、应用服务器集群高可靠、缓存高可靠等。

第 3 章详细介绍应用集成类系统迁移的实施路径，包括应用集成的现状与挑战、应用集成的演进过程、应用集成架构设计等。

第 4 章重点探讨信创环境下的云原生架构实践，包括云原生的意义、应用云原生迁移的要点和焦点等。

第 5 章详细介绍数据应用迁移的实施路径，包括如何规划数据管理体系核心框架、如何进行数据资产能力矩阵建设，以及如何进行数据共享服务体系建设等。

第 6 章从信创迁移全过程全环节的角度来阐述如何完成信创的落地实践等。

第 7 章深入探讨信创迁移的误区与关键点。

我们希望本书能够帮助读者更好地了解和掌握全栈信创的相关知识和技能，从而更好地应对数字化转型的挑战。同时，我们也会在本书后续的版本中不断更新和补充最新的技术和趋势，以帮助读者更好地适应不断变化的市场需求。

最后，感谢所有为本书出版做出贡献的同事们和朋友们，感谢大家！

作 者

2023 年 10 月

目　录

第1章　全栈信创，大势所趋 ··· 1

　1.1　中间件突破狭义范畴，走向全栈 ··· 4
　　　中间件在企业架构中的作用 ··· 4
　　　行业关键业务应用对中间件的核心诉求 ································· 7
　　　中间件走向全栈是应用架构发展的必然趋势 ······················· 11
　1.2　中间件架构分布式与云化的技术演进趋势 ····················· 12
　　　分布式及云化技术驱动应用架构不断变迁 ···························· 12
　　　应用架构变迁驱动中间件演化的三个阶段 ···························· 14
　　　人工智能加持下的中间件演化趋势 ·· 16
　1.3　全栈式中间件统筹全局，推进国产化技术的实施与创新 ···· 17

第2章　基于应用支撑中间件，实现高可靠和高效治理 ················ 19

　2.1　信创应用之高可靠方案 ·· 21
　　　负载均衡高可靠 ··· 22
　　　应用服务器集群高可靠 ·· 22
　　　缓存高可靠 ·· 22
　　　异构集群高可靠 ··· 23
　　　应用高可靠 ·· 23
　2.2　信创应用之高效治理方案 ·· 24
　　　全链路跟踪破解应用黑盒 ··· 24
　　　信创应用治理方案 ·· 25
　　　信创应用优化方案 ·· 26

第3章　应用集成类系统迁移实施路径 ··· 29

　3.1　应用集成的现状与挑战 ·· 31
　　　应用集成是什么，它解决了哪些问题 ···································· 31

应用集成通常分为哪些集成类型 ·· 33

应用集成过程面临的挑战有哪些 ·· 35

3.2　应用集成的演进过程 ·· 37

企业应用互联互通的阶段 ·· 38

特定场景的技术迭代阶段 ·· 40

对外部进行能力开放阶段 ·· 41

3.3　应用集成架构设计 ·· 43

应用集成框架 ·· 43

服务集成 ·· 44

数据集成 ·· 49

消息集成 ·· 54

文件传输 ·· 58

流程集成 ·· 62

3.4　应用集成迁移规划 ·· 67

评估现有集成架构与流程 ·· 67

制定迁移策略 ·· 67

系统迁移适配重难点 ·· 68

重构集成架构 ·· 69

3.5　应用集成发展趋势 ·· 71

技术发展创新 ·· 71

市场环境变化 ·· 73

第4章　信创环境下云原生架构实践 ·· 75

4.1　信创环境下云原生的意义 ·· 77

云原生架构的演进 ·· 77

应用云原生迁移的要点和焦点 ·· 79

越复杂多变的系统,面临的挑战越大 ·· 82

4.2　云原生架构设计与选型建议 ·· 83

统筹规划 ·· 83

统一治理 ·· 84

故障隔离 ·· 87

可视化追踪 ·· 88

能力开放 ·· 91

4.3　敏捷研发平台支撑与协同 ·· 93

敏捷管理 ·· 94

代码管理 ··· 95

持续集成 ··· 98

自动部署 ··· 99

安全合规 ··· 101

4.4　低代码开发平台发展与演进 ······························ 104

以低代码实现信创2.0的演进升级 ···························· 104

低代码平台的核心能力和技术分支 ·························· 106

低代码与专业代码融合 ······································· 107

先有低代码,才有零代码 ····································· 108

第5章　数据应用迁移实施路径 ····································· 113

5.1　数据管理应用发展态势 ································· 115

5.2　数据管理是信创的核心生产要素 ····················· 115

信创基础阶段:数据是保障软硬件系统平滑迁移的关键 ········ 115

信创高级阶段:数据是实现业务创新的驱动力 ················ 116

5.3　数据管理体系核心框架规划 ··························· 116

5.4　主数据管理体系建设 ································· 118

从"四性""两视角"看主数据 ····························· 118

5项主数据管理体系 ··· 120

6种主数据管理能力 ··· 122

从"逐步"到"全部"建设 ································· 126

5.5　数据资产管理体系建设 ······························· 128

数据资产的重要性及其管理面临的挑战 ······················ 129

数据资产管理能力矩阵助力企业数字化转型 ················ 130

"四化"建设提升数据资产管理效能 ························ 137

数据资产管理的保障措施和技术平台支撑 ·················· 147

5.6　数据共享服务体系建设 ······························· 149

围绕数据共享的典型建设过程与演进 ························ 149

不同需求下的数据共享服务建设模式 ························ 151

第6章　信创落地实践方法论 ······································· 159

6.1　摸家底,盘点现有信息化IT资源台账清单 ··········· 161

6.2　做规划,建立应用迁移模型方法论和评估策略 ········· 167

重点难点分析 ··· 167

应用迁移策略 ··· 169

　　　　应用迁移评估 ·· 171

　　　　应用迁移工作规划 ·· 174

　6.3　选平台,应用迁移技术路线收敛与技术平台综合评定 ··············· 176

　　　　技术选型原则 ··· 176

　　　　技术路线选型 ··· 177

　　　　技术路线评定 ··· 183

　6.4　上试点,应用迁移项目卡片,关键环节应用系统迁移验证 ·········· 184

　　　　应用系统迁移项目试点评定 ·· 184

　　　　应用系统迁移项目卡片 ·· 186

　　　　应用系统迁移项目验证测试 ·· 187

　6.5　攻难关,分析复杂应用场景,分类应对处理 ··························· 191

　　　　打好基础,做好数字底座 ·· 191

　　　　多举并行,翻新老系统 ·· 193

　　　　针对攻关,破解适配难点 ·· 196

第7章　信创迁移误区与关键要点 ·· 199

　7.1　信创实验室建设方略 ·· 201

　　　　信创实验室建设背景 ··· 201

　　　　建设实验室的必要性 ··· 201

　　　　建设实验室的可行性 ··· 202

　　　　信创实验室建设目标 ··· 203

　　　　运营及组织管理架构 ··· 204

　7.2　应用国产化替代与创新的平衡 ··· 207

　　　　国产化替代与应用创新的关系 ··· 208

　　　　国产化替代与应用创新的平衡 ··· 210

　7.3　开源与商业的平衡 ·· 212

　　　　开源软件与商业软件 ··· 212

　　　　开源软件与商业软件的选型 ·· 214

　　　　开源软件与商业软件的平衡 ·· 215

后记 ··· 217

第 **1** 章 全栈信创，大势所趋

基于全栈中间件的
信创实践技术与方法

2022 年 2 月 24 日，俄罗斯总统普京授权俄军在乌克兰进行"特别行动"，"旨在去军事化和去纳粹化乌克兰"，兵分三路进攻乌克兰。拂晓前，俄军使用高精度武器攻击乌克兰的军事基础设施、防空系统以及空军，登陆乌克兰南部海岸。自此，一场新世纪的全面战争正式开启。

硝烟、战车，铁与血的意志较量背后，一场不见血的战争也在悄然进行。

随着俄乌战事的推进，美国科技巨头相继宣布制裁俄罗斯。硬件方面，英特尔、AMD、戴尔、苹果等科技企业宣布停止对俄罗斯供货，软件方面，SAP、Oracle 等软件巨头宣布停止对俄罗斯进行产品销售和服务。这意味使用这些巨头产品的企业、机构将面临瘫痪的风险。

开源社区 Github 严格限制俄罗斯获得其维持侵略性军事能力所需的技术和其他物品。这打破了人们既往对于开源软件的固有认知，人们惊愕地发现，开源技术无国界，但科技人员和开源社区是有国界的，使用开源软件也存在着因政治和军事因素而导致的风险。

在经济全球化的时代，科技显然已经成为大国博弈的重要利器。这引发了我们对于 IT 设施全部环节国产化的深度思考。

2013 年 12 月 20 日，习近平总书记的《在中国工程院一份建议上的批示》中指出："计算机操作系统等信息化核心技术和信息基础设施的重要性显而易见，我们在一些关键技术和设备上受制于人的问题必须及早解决。要着眼国家安全和长远发展，抓紧谋划制定核心技术设备发展战略并明确时间表，大力发扬'两弹一星'和载人航天精神，加大自主创新力度，经过科学评估后选准突破点，在政策、资源等各方面予以大力扶持，集中优势力量协同攻关实现突破，从而以点带面，整体推进，为确保信息安全和国家安全提供有力保障。"

回头看，这份批示是极具前瞻性和指引性的。多年来，我们不断布局和筑基，从党政信创，到金融信创，再到多行业信创，不断开花结果，取得了诸多成就。

信息技术应用创新工作是指在信息化建设中，通过应用新技术、新理念、新方法等手段，推动信息化建设的创新和发展。通过信息技术应用创新工作，可以提高企业竞争力、推动经济发展、优化社会管理和公共服务、加强国家安全和治理能力，以及推动科技创新和发展。

信息技术应用创新需要从多个维度实现安全可靠，包括芯片、操作系统、数据库、中间件和安全等方面。这有助于进一步促进国内企业自主研发和生产能力的发展，降低对进口技术的依赖。在实现安全可靠的过程中，需要考虑技术风险、安全漏洞等因素，采取相应的措施来保障系统的安全性和稳定性。同时，还需要加强技术创新和产品创新，以满足不断变化的市场需求和技术要求。

中间件是信创领域的关键环节，承担着承上启下的重要使命，只有实现中间件的全栈发展，理解基于全栈信创进行架构改造的必要性和重要性，恰如其分地采用实用的方法和工具，才能实现信创架构的顺利迁移和信创工程的平稳落地。

1.1 中间件突破狭义范畴，走向全栈

随着云计算和大数据技术的快速发展，中间件在企业中的应用越来越广泛。传统的中间件通常被定义为一种提供特定服务的软件，例如消息中间件、Web 应用服务器中间件等，它们为应用的运行提供关键支撑作用，我们称之为狭义中间件。

随着企业数字化转型的不断深入和信息技术应用的不断创新发展，企业应用架构变得越来越复杂。为了满足这种需求，中间件需要提供更多的能力，例如多应用集成能力、快速上云能力以及实时数据处理交换能力等。因此，在企业的应用中，中间件已经超越了狭义中间件的范畴，开始向全栈方向发展，如图 1-1 所示。

图 1-1 从狭义中间件到广义中间件

中间件在企业架构中的作用

1. 什么是中间件

中间件是位于应用程序之下、操作系统与数据库之上的一类软件，它提供各种功能和服务，通常用于连接不同的系统和应用程序，以便它们可以相互通信和交互，如图 1-2 所示。

图 1-2 中间件在企业架构中的定位

2. 中间件发展历程

IBM 于 1968 年发布了最早的中间件产品 IBM CICS，用于交易事务控制系统，首创应用软件与系统服务分离的思想，这也是 " 中间件 " 技术理念的由来。

Tuxedo 是一款早期的中间件产品，由贝尔实验室开发。它是一种面向事务处理的中间件，旨在支持分布式系统的事务管理和消息传递。Tuxedo 采用了类似于 ACID（原子性、一致性、隔离性和持久性）的事务模型，可以确保数据的一致性和可靠性。Tuxedo 在 20 世纪 80 年代末期被 IBM 收购，并成为 IBM 中间件产品线的一部分。

中间件发展历程如图 1-3 所示。

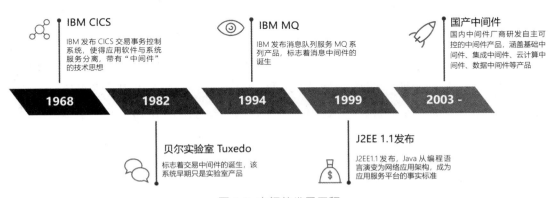

图 1-3 中间件发展历程

随着互联网的发展，消息中间件也开始崛起。1994 年，IBM 发布了消息类产品 IBM MQ，标志着消息中间件的诞生。

为企业级 Java 应用程序提供运行环境的中间件出现在 1999 年。以 J2EE 1.1 标准为起点，逐渐演化出 Web 应用服务器中间件，包括 IBM 的 WebSphere、Oracle 的 WebLogic、Apache 开源的 Tomcat 等。随着 Java 语言的蓬勃发展，以 Web 应用服务器为代表的中间件逐渐成为企业级应用开发的标准。

国内的中间件厂商也在不断研发自主可控的中间件产品，并开始与 IBM、Oracle 等巨头进行竞争。

3. 中间件在企业架构中的作用

中间件从如下四个维度为企业级应用程序提供了关键的支撑：应用解耦、应用运行支撑、应用标准化与应用跨平台迁移，如图 1-4 所示。

图 1-4 中间件在企业架构中的作用

应用解耦

中间件第一个重要作用是帮助企业实现不同应用程序之间的解耦。传统的应用程序通常是相互依赖的，这意味着如果一个应用程序出现问题，那么整个系统都会受到影响。通过使用中间件，可以将不同的应用程序解耦，使得它们可以独立地运行和维护。例如，通过将应用与数据库进行解耦，当进行数据库变更时，无须进行应用业务代码的调整。这样可以提高系统的稳定性和可靠性，减少故障发生的风险。

应用运行支撑

中间件还可以提供运行支撑的功能，包括负载均衡、缓存、消息传递等。这些功能可以帮助企业提高系统的性能和可伸缩性。例如，负载均衡可以将请求分发到多个服务器上，从而减轻单个服务器的压力；缓存可以提高系统的响应速度，减少数据库的访问次数；消息传递可以实现不同应用程序之间的通信和协作。

应用标准化

中间件还可以提供标准化的功能，使得不同的应用程序可以在不同平台上运行。这有助于降低开发和维护成本，提高系统的可扩展性和互操作性。例如，中间件可以提供标准的 API 接口，使得不同的应用程序可以使用相同的数据格式和协议进行通信；中间件还可以提供标准的安全认证和授权功能，确保系统的安全性和合规性。

应用跨平台迁移

最后，中间件还可以提供跨平台的功能，使得不同的操作系统和硬件平台都可以使用同一个系统。这有助于降低企业的运维成本，提高系统的灵活性和可移植性。例如，中间件可以支持多种操作系统和数据库，使得企业可以在不同的环境中部署和运行系统；中间件还可以提供云原生技术，使得企业可以轻松地将系统迁移到各种云端环境。

行业关键业务应用对中间件的核心诉求

随着企业应用架构从单体应用向 SOA（Service Oriented Architecture）架构、分布式架构、云原生架构发展，企业级应用的复杂度逐渐提高，对中间件支持分布式、高可靠以及多维度业务场景的支撑需求变得越来越明显。接下来，我们将探讨狭义中间件对应用的支持作用，并分析数字化转型背景下行业关键应用对中间件的核心诉求。

1. 狭义中间件对应用的支撑作用

当提到中间件时，大家通常会想到诸如 Web 应用服务器、消息中间件、交易中间件等中间件产品，如前文所述，这类中间件通常被称为狭义中间件，如图 1-5 所示。

这些中间件分别解决了 Web 应用程序的构建和运行、基于消息的应用之间的通信以及支持高效处理交易请求等问题。它们为应用程序的运行提供了稳定可靠的容器支持，并通过特定的中间件标准（例如，Web 应用服务器中间件遵循 Jakarta EE 规范，消息中间件遵循 JMS 规范）规范了应用程序的开发和对外接口。这使得应用程序能够在不同中间件产品之间平滑迁移，从而更好地支撑了应用的运行。

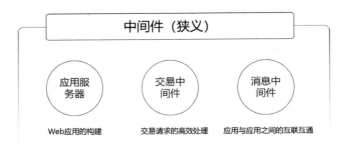

图 1-5 狭义中间件

2. 数字化转型对中间件的关键诉求

随着企业数字化转型进程的加速推进，企业关键应用对中间件提出了更高的要求，包括支持分布式架构、提供应用全生命周期的支撑、提供应用的高可靠能力三个方面，如图 1-6 所示。

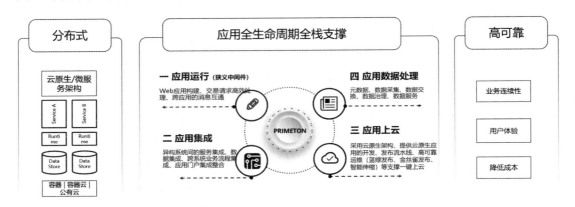

图 1-6 企业关键应用对中间件的核心诉求

支持分布式架构

企业数字化转型要求敏捷的创新，而业务的创新带来企业架构的不断升级和迭代。从传统的单体应用架构向分布式架构的演进，一方面顺应了业务的敏捷需求，另一方面也对系统的可伸缩性和可靠性提出了更高的标准，从而要求中间件也能够提供与之相匹配的分布式能力。

分布式架构为应用提供了现代化的高可靠、高性能和高可用的保障，其主要优势包括：

- 提高系统的可扩展性和可靠性。在分布式架构中，系统可以将数据和任务分散到多个节点上，从而提高系统的处理能力和容错能力。

- 提高系统的性能。在分布式架构中，系统可以将不同的任务分配到不同的节点上执行，从而减少单个节点的负担，提高系统的并发处理能力。
- 提高系统的可用性。在分布式架构中，如果某个节点出现故障，其他节点仍然可以继续运行，从而保证系统的可用性。

随着云原生技术的普及和业务逐步容器化、微服务化的趋势，中间件需要适应云原生场景下的使用方式，包括提供服务发现、服务治理、负载均衡、消息路由、智能监控和 Devops（开发运维一体化）等分布式功能，以支持大规模的服务治理。

提供应用全生命周期的支撑

随着企业应用系统建设进程的演进，产生了大量的业务应用，也积累了海量的数据。如何形成系统的协同贯通，如何把数据用好，成为首要问题，这就要求中间件在集成、应用上云、数据处理等方面提供全生命周期的支撑。

·支撑应用集成·

由于技术储备、管理方式、发展阶段等诸多原因，很多企业都建设了大量的异构系统和孤岛应用，导致不同系统之间无法实现信息互通。为了解决这一问题，企业需要中间件提供集成能力，以支持企业系统在 API 服务、数据、文件、流程、门户等维度实现互联互通。应用、数据和流程的整合，实现了跨系统的数据共享和业务协同，可以提高企业的效率和生产力，降低 IT 成本并增强企业的竞争力。

·支撑应用上云·

云计算作为一种新型的 IT 基础设施，为企业提供了弹性扩展、高可用性和可靠性、低成本、高安全性和易于管理等优势。通过云计算，企业可以快速扩容和缩容计算资源，避免了以传统部署方式投入的硬件投资和维护成本。同时，云计算提供了一系列的扩展服务，如负载均衡、故障转移、数据备份等，更好地保证了应用的稳定运行。

为了应对云计算时代企业关键应用对基础设施升级的需求，中间件需要提供服务发现、服务治理、负载均衡、消息路由、日志收集、智能监控以及 DevOps 工具链支持等功能来支撑应用上云。通过这些功能的支持，中间件可以帮助应用实现服务自动发现，连接到云上的开放服务，快速访问和处理数据，实现解耦、异步、高并发等特性，实时监控自身的运行状态和性能指标，以及更加方便地进行持续集成、持续交付、持续部署等操作，从而提高应用的性能、可用性、可扩展性和可靠性。

·支撑应用数据处理·

数据在数字经济时代成为一种重要的生产要素，智能制造、金融服务和医疗卫生等领域都可以利用数据来创造价值和推动经济发展。随着技术的不断进步，数据的应用范围也越来越广泛，对经济和社会的影响也越来越深远。

在这一背景下，中间件数据处理能力的重要性日益凸显。中间件需要支持各种类型的数据处理，包括数据转换、数据清洗、数据治理、数据资产化、数据服务化和数据分析等。通过这些功能，中间件可以帮助应用程序更好地管理数据，提高数据的可用性和价值，从而大大提高企业的运营效率和竞争力。

提供应用的高可靠能力

在数字化转型背景下，企业需要应对更加频繁变化的市场竞争环境、更多元的用户需求和更具挑战性的运营态势，因此需要中间件提供高可靠能力，以保障企业的业务连续性，提高用户体验和降低成本。

·提高业务连续性·

企业面临着日益复杂的业务需求和不断变化的市场竞争环境。如果系统出现故障或中断，将会对企业的业务产生严重影响，甚至可能导致业务中断、数据丢失等严重后果。因此，中间件需要提供高可靠性，确保系统的稳定性和连续性，从而保障企业的业务连续性。

·提高用户体验·

企业需要提供更加高效、便捷、安全的服务来满足用户的需求。如果系统出现故障或延迟，将会给用户带来不良的体验和感受，降低用户的满意度和忠诚度。因此，中间件需要提供高可靠性，确保系统的稳定性和响应速度，从而提高用户的体验。

·降低成本·

企业需要不断地进行技术创新和升级，以保持竞争力和市场地位。如果系统出现故障或中断，将会增加企业的维护成本和风险。因此，中间件需要提供高可靠性，减少系统故障和维护成本，从而降低企业的运营成本。

中间件走向全栈是应用架构发展的必然趋势

随着应用对分布式、全生命周期和高可靠要求的不断提高，中间件也从狭义的单一功能扩展为全面的能力支撑，全栈中间件的概念应运而生。

全栈中间件是面向信创和企业数字化转型复杂场景的中间件产品族群，以支持分布式架构、提供应用全生命周期支持和提高应用可靠性能力为目标，面向应用支撑、应用集成、应用上云和数据管理等企业关键技术场景提供全面支持，是帮助企业实现信创工程平稳落地和应对现代化业务挑战的关键技术基础。

全栈中间件可以分为 4 种类型：应用支撑中间件、应用集成中间件、云原生中间件和数据类中间件，如图 1-7 所示。

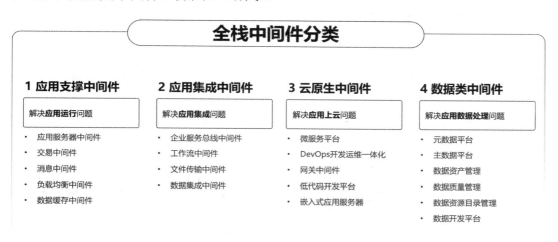

图 1-7 全栈中间件分类

1. 应用支撑中间件

应用支撑中间件提供应用程序运行所需的基础设施和支持服务。这类中间件包括应用服务器、交易、消息、负载均衡和数据缓存等中间件。它们为应用程序提供了必要的基础架构支持服务，以确保其正常运行。

2. 应用集成中间件

应用集成中间件提供应用程序之间的集成和交互能力，用于异构系统的互联互通场景。这类中间件包括企业服务总线、工作流、大文件传输与交换、数据集成与交换等中间件。它们使得不同系统之间可以进行有效的通信和协作,从而实现更高效的业务流程。

3. 云原生中间件

云原生中间件基于云计算平台提供的容器化、自动化、弹性伸缩等特性,提供应用快速上云的能力。这类中间件包括支撑微服务的微服务平台、支撑智能研发生产流水线的 DevOps 平台、支持服务治理的 API 网关、满足业务人员快速建设应用的低代码平台,以及支撑云化部署的轻量级嵌入式应用服务器等。它们可以帮助开发人员更快速地构建和管理云原生应用程序,并提高应用程序的可扩展性和可靠性。

4. 数据类中间件

数据类中间件支撑应用对数据的按需获取,并支撑数据的价值变现。这类中间件主要提供数据的采集、分析、治理等能力,例如元数据管理、主数据管理、数据资产管理、数据质量管理和数据资源目录管理等。这类中间件可以帮助企业更好地管理和利用数据,从而提高业务效率和竞争力。

1.2 中间件架构分布式与云化的技术演进趋势

分布式及云化技术驱动应用架构不断变迁

随着企业应用需求的不断变化和新技术的不断涌现,应用架构也在不断地演进。从最初的单体架构,到 SOA 架构,再到微服务架构,应用架构的发展历程是一个不断优化、迭代的过程,如图 1-8 所示。

1. 单体架构

单体架构是在信息化早期常用的一种架构。单体架构是指应用程序中所有的功能都集成在一个单一的代码库中,所有模块之间通过硬编码的方式进行交互。这种架构简单易用,开发效率高,部署简单,技术单一;但是随着业务规模的扩大,单体架构的可维护性和扩展性变得越来越差,维护困难,容错性差,无法快速响应企业的业务诉求。

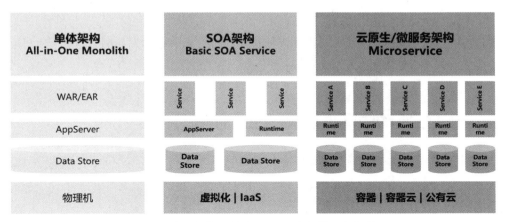

图 1-8 应用架构从单体、SOA 走向微服务架构

2. SOA 架构

为了解决单体架构的问题,SOA 架构应运而生。SOA 是一种面向服务的架构模式,它将应用程序拆分成多个独立的服务单元,每个服务单元都可以独立地开发、测试和部署。这种架构模式可以提高系统的可维护性和扩展性,各模块间松耦合,可以重用;但是也带来了一些新的问题,例如服务之间的耦合度增加、服务治理难度加大等。

3. 微服务架构

微服务架构是一种基于分布式系统的设计思想,将应用程序拆分成多个小型的服务单元,每个服务单元都可以独立地运行、部署和管理,通常更加注重容器化和自动化部署。这种架构模式可以提高系统的可伸缩性、可靠性和灵活性,同时也可以降低系统的复杂度和维护成本。

为了更好地支撑微服务架构,云原生技术应运而生,主要包括容器、容器编排、DevOps、微服务框架等。容器技术将应用打包成一个独立的可执行镜像文件,使得应用可以在不同的环境中运行,从而提高了应用程序的可移植性和可靠性。容器编排技术可以自动化地管理多个容器实例,使得应用程序的部署、扩展和管理更加简单和高效,并支持容器的动态伸缩、故障恢复、自动漂移等智能能力。DevOps 是一种软件开发和运维的方法论,它强调开发和运维之间的紧密协作,以实现快速、高质量的软件交付，对应的 DevOps 平台提供了需求、设计、任务、测试、持续集成、持续部署、精益度量等各个维度的数字化能力支撑，为 IT 团队的协作提供了统一的研发工作台，并率先实现了研发过程的数字化转型。

因此，为了满足不同应用架构的功能、性能等诉求，中间件也随着应用架构的变迁而不断发展、演变与进化。

应用架构变迁驱动中间件演化的三个阶段

与应用架构演进的三个阶段对应，中间件也经历了三个不同的阶段：单架构中间件阶段、集成中间件阶段、分布式中间件（云原生 / 数据中间件）阶段，如图 1-9 所示。

图 1-9　应用架构变迁驱动中间件演化的三个阶段

第一阶段：单体架构下的中间件

最早的中间件是支持单体架构的，也就是单架构的中间件。单架构中间件的典型代表是狭义中间件，如交易中间件、消息中间件、应用服务器等，用来支撑单体应用架构。

在这个阶段，中间件的主要作用是为应用提供服务的支持，例如事务处理、数据访问、缓存管理等。由于应用程序通常是单个独立的应用程序，因此中间件的功能相对简单。

第二阶段：SOA 架构下的集成中间件

在 SOA 架构阶段，中间件的作用也发生了变化。它们不再只是为单个应用程序提供服务支持，而是要成为多个应用之间互联互通的工具。

在这个阶段，中间件的主要作用是实现服务的集成和通信。主要包括：企业服务总线，用于不同异构系统间以 API 的方式进行通信；工作流中间件，用于跨系统的流程审批与贯通；数据交换中间件，支持异构系统间直接在数据层进行数据的抽取、传输、加载、交换等；文件传输中间件，支持异构系统间海量小文件或者大文件的交换。

第三阶段：云原生架构下的分布式中间件

在云原生架构下，应用被划分为多个微服务，并且运行在容器化环境中。为了支持这种复杂的应用架构，中间件也需要进行相应的升级和改进。在这个阶段，中间件的主要作用是提供分布式的支持和服务治理功能。

中间件在该阶段全面转向对分布式架构的支撑。通常为应用提供分布式架构下的运行容器、服务发现、服务注册、应用配置、网关路由、分布式调度、全链路跟踪、故障恢复等能力，简化分布式应用建设的复杂度，同时为应用提供高可用性和高可靠性。

以应用服务器中间件为例，其在分布式架构下会衍生出 3 个版本：企业版、微服务嵌入版、容器版，如图 1-10 所示。其中企业版主要支持传统单体、SOA 架构应用的运行，支持应用以 WAR、EAR 的方式进行部署，通常会支持主流的企业级 Java 规范，如 Jakarta EE 等；微服务嵌入版主要支持 Spring Boot 微服务架构开发的系统，具有轻量、速度快、资源占用少的特点；容器版主要用于各类容器云、公有云、私有云等场景，以支持各种基于容器的运行环境，并支持云环境下的动态部署。

图 1-10 应用服务器支持分布式架构场景

微服务嵌入版、容器版是为了支持分布式应用而专门推出的具有分布式架构的 Web 应用服务器中间件，在信创场景下，一般需要实现对开源应用服务器嵌入式版本的全面兼容，以支持业务应用代码"0"改造下的平滑迁移。

总之，中间件作为支撑应用的重要组成部分，将继续发挥关键的承上启下的作用。随着技术的不断进步和发展，中间件也将不断演进和发展，以适应不断变化的业务需求和技术环境。分布式中间件将继续在 IT 架构中承担重要的角色，并且其权重也在不断增加。

人工智能加持下的中间件演化趋势

以 ChatGPT 为代表的人工智能（AI）浪潮快速席卷软件行业，中间件发展的一个重要趋势就是人工智能和机器学习（ML）的应用。中间件可以利用这些新技术来实现企业不同层面的智能化变革。全栈智能中间件概念框架如图 1-11 所示。

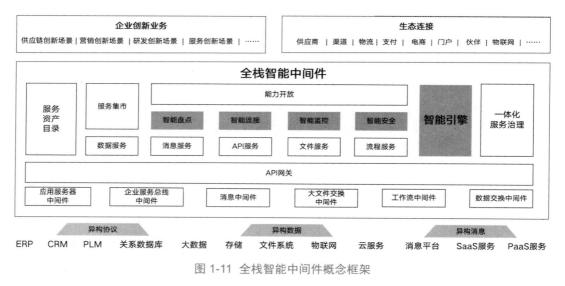

图 1-11 全栈智能中间件概念框架

全栈智能中间件可以用在以下场景：

（1）数据场景：文本数据的智能化分析、处理和转换，大规模数据的分析和建模。

（2）中台场景：智能资产盘点、智能连接、智能监控、智能安全等多项智能化能力。

（3）运维场景：自动化的监控、管理和优化，从而提高应用程序的性能和可靠性等。

（4）研发场景：自动化实现国际化、智能服务编排、复杂 JS 脚本、Groovy 脚本、HTML 前端、Vue 前端、图像等智能场景生成能力，为研发人员提供多项智能小助手，提升研发效率。

1.3 全栈式中间件统筹全局，推进国产化技术的实施与创新

基于上述对于中间件演进的趋势分析，我们将全栈中间件分为四层，如图 1-12 所示。

图 1-12 全栈中间件技术架构全景图

全栈中间件架构全景图主要包括应用支撑中间件、分布式集成中间件、云原生中间件和数据中间件，全面拥抱微服务云原生架构，支持各种云原生应用的运行、集成、发布、数据管理等。在后续章节中，我们将围绕这四类场景，分别介绍不同种类中间件支撑的系统迁移实施路径。

CHAPTER

第2章

基于应用支撑中间件，实现高可靠和高效治理

基于全栈中间件的
信创实践技术与方法

应用支撑中间件位于企业信息化技术栈的下层。在基于应用支撑中间件的系统迁移中，如何保障迁移后的系统高可靠运行，并在此基础上实现应用的高效治理，本章将给出答案。

2.1 信创应用之高可靠方案

在应用的信创迁移过程中，不仅需要对环境进行调整，往往还需要对软件架构进行调整。例如，将以往的"竖井式"单体传统应用改造成分布式微服务应用。伴随着网络带宽的提升和移动终端的普及，现代的业务应用平台几乎时时刻刻都在处理着来自用户成千上万的访问请求。针对重点应用需要确保做到 7×24 小时在线不间断提供服务，在某些特定的场景下（如电商抢购、春运抢火车票等），这些平台要承受瞬间暴涨的用户访问量，在高可靠的同时也要确保高性能，快速响应用户请求。

当前国产芯片、服务器等硬件与国外同等配置产品相比，在性能方面仍存在不足。除了增加硬件配置与数量以外，如何通过优化软件部署架构与方案来弥补硬件性能的不足，从而支撑高并发与海量用户规模的信创应用迁移，是用户非常关注的问题。此外，信创迁移时如何通过双轨制保障应用的稳定，避免因两种应用服务器中间件并存而影响业务，也是非常重要的问题。在核心业务应用系统建设和维护过程中，用户通常会遇到一系列应用高可靠问题，例如，交易重复提交导致业务数据错误；无法实现业务系统全链路跟踪来分析定位应用性能瓶颈；无法对应用元数据进行统计，帮助开发者高效调试优化应用等问题。这些都需要应用支撑类中间件提供高可靠方案来弥补性能不足，提供高可靠能力。

完整的信创应用高可靠方案包括负载均衡高可靠、应用服务器集群高可靠、缓存高可靠、异构集群高可靠与应用高可靠等几个方面，如图 2-1 所示。

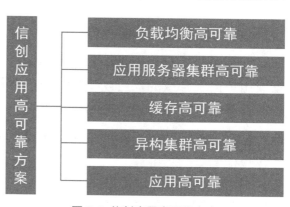

图 2-1 信创应用高可靠方案

负载均衡高可靠

通过负载均衡策略及智能化权重算法，可以灵活分配访问权重，调节应用服务器的压力。在双轨制迁移过程中，即使新环境应用遇到问题，用户也可以无感知地继续访问旧环境应用。如果新环境应用已经完成试运行并满足需求，策略算法调节机制会使用户自动、无感知地全面使用新环境。同时，采用负载均衡软件集群模式可以增加负载均衡本身的可靠性。

应用服务器集群高可靠

为了保证运行程序的高可用性，应用服务器软件按照集群方式部署，实现故障保护。如果集群中的某一实例发生故障，根据应用服务器集群用户会话（Session）共享机制，此时集群配置的负载均衡器将请求从失败的实例重定向到集群中的其他实例，继续响应用户请求。应用服务器集群还可以在不中断服务的情况下将实例添加到集群，增强集群服务能力，应对业务请求大幅增加的情况，确保提供可靠和稳定的服务。为了改善高并发请求环境中 Session 持久化造成的性能瓶颈，并避免大集群情况下 Session 同步带来的网络风暴风险，现代的应用服务器软件一般支持分布式 Session 存储的技术，使用数据缓存软件持久化 Session 数据，提高应用服务器在高并发、大集群情形下的性能表现。

缓存高可靠

通过数据缓存软件将常用数据或查询结果存储在快速访问的缓存中，可以减少对后端存储系统（如数据库）的访问频率，主要包括热点数据缓存和常用 SQL 的缓存策略。热点数据指的是经常被访问和使用的数据，通常是由于特定业务场景或用户需求导致的，可以将这些热点数据缓存在内存中的缓存系统。常用 SQL 的缓存是指对于频繁执行的数据库查询语句，将其查询结果进行缓存，避免重复执行相同的查询操作。同时通过数据缓存软件的哨兵模式[1]或集群模式来增强数据缓存软件本身的高可靠。

---

[1] 在哨兵模式中，有一个或多个哨兵进程运行在独立的服务器上，它们通过周期性地向缓存服务器发送命令来监控节点的健康状态。哨兵会检查主节点和从节点是否正常运行，并在主节点宕机时，自动将一个从节点升级为新的主节点，然后通知其他从节点将新的主节点作为复制目标。

异构集群高可靠

在新旧环境的异构混合集群模式下，主要通过两种方式来保证高可靠。

首先，新旧环境混合集群需要通过信创负载均衡软件提供的独有权重算法合理分配请求任务。例如，在特定的请求状态下，通过特定的流量管控机制，在保障业务 7×24 小时稳定运行的情况下，逐步替代非信创环境应用。信创环境应用试运行期间，信创环境与非信创环境应用集群双轨制运行，并根据试运行情况自动调整权重策略，逐步实现无感知替代。

其次，通过数据缓存软件支持与 Tomcat 异构集群下的 Session 共享机制，有效缓解信创资源性能不足的短板。高可靠运行架构如图 2-2 所示。

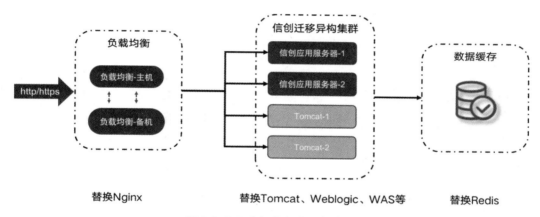

图 2-2 高可靠运行架构最佳实践

应用高可靠

应用支撑中间件虽然处于系统技术栈的下层，但仍需考虑对业务场景的高可靠支持，包括：为应用提供交易防重能力，避免因交易重复提交导致业务数据错误；提供全局序列号能力，实现业务系统全链路跟踪来分析定位应用性能瓶颈；具备应用元数据统计能力，帮助开发者高效调试优化应用等问题；为应用的服务提供熔断与限流功能，提供界面配置能力，支持通过应用服务的 QPS、并发数等指标对应用请求进行限流，限流包括快速失败、预热启动、排队等待等；通过应用 Web 接口的慢请求比例、异常比例、异常数等阈值，熔断 Web 接口请求等。只有这样，才能提供全面的应用高可靠能力，保障应用的可靠运行。

2.2 信创应用之高效治理方案

将应用完整迁移到新的信创生产环境后，通常会面临应用高效治理方面的新挑战。多数应用都是运行多年甚至十几年的老系统，在性能和稳定性方面经过验证，能可靠支持业务运行。然而，对于这些老旧系统，我们需要了解它们的实际使用情况，比如什么时间段有更多用户访问，什么时间段是空闲的，哪些服务频繁被调用，哪些接口已不再使用。在面向数字化转型场景进行升级改造时，我们需要加强一些功能，同时关闭那些无效的功能来完善其生命周期。此外，与分布式微服务架构应用不同，在 SOA 单体应用中，每个访问端口代表一个应用，因此需要确定每个业务系统的访问调用数据。通常情况下，标准中间件服务器的一个端口可能运行多个业务应用，需要区分当前业务请求到底访问了中间件中的哪个业务应用。

由于大多数业务系统应用已运行多年，因此也提出了要求，即我们需要采用非侵入式的方式，突破应用黑盒问题，以细粒度掌握系统的运行情况和性能瓶颈，确保系统可靠运行。

全链路跟踪破解应用黑盒

为了准确分析应用性能瓶颈，首先需要能够精确定位，并且在定位的过程中不能与业务处理形成关联干扰，以免影响我们的判断。

借助字节码注入技术，现在可以对业务应用进行性能监控，而不必修改业务代码。通过动态注入的方式，我们可以轻微地损耗一些性能来获取清晰的性能监控数据。

在获取性能数据的同时，还要确保数据的完整性，能够对整个业务链路进行全面监控。在应用中的业务服务调用中，通常会涉及应用在中间件上配置的 Service、Filter、EJB、JNDI 资源，以及与数据库、分布式缓存工具等外部系统的交互。在进行性能监控时，我们既需要了解同一个请求服务中每个点的性能耗时，又要统计服务调用的情况。例如，某个服务在何时调用次数较多，哪个时间段容易出现服务错误，错误来源于特定时段的高并发请求还是外部资源无法响应导致的。

图 2-3 所示是某应用中用户进行登录操作时的监控数据。

GET:/user/login				
开始时间 2022-01-23 11:02:28　持续时间 3521ms　跨度 55				
方法　　　　　　　　　　　...	开始时间	占比 %	耗时 ms	模块
∨ GET:/user/login	2022-01-23 11:02:28	99%	3485	Application
Login_Filter.filter1	2022-01-23 11:02:28	11%	387	Filter
Login.doGet	2022-01-23 11:02:28	15%	528	EJB
Init.lookup	2022-01-23 11:02:28	17%	598	JNDI
DM.getConnection	2022-01-23 11:02:28	18%	633	DataSource
login.EJBBean.query	2022-01-23 11:02:28	26%	915	EJB
DMStatement.execute	2022-01-23 11:02:28	7%	246	JDBC
Socket[addr=/192.168.1.142,port=3306, ...]	2022-01-23 11:02:28	5%	176	Socket
Jedis/set	2022-01-23 11:02:28	1%	36	Jedis

图 2-3　用户登录链路监控数据

在图中，我们可以清楚地看到用户的登录过程。该过程包括以下步骤：浏览器发出请求，请求到达后根据应用规则触发了过滤器的执行；调用 EJB 资源并通过 JNDI 资源获取数据库连接；在数据库中查询用户信息以进行用户身份合法性检查。一旦用户信息验证通过，中间件服务器就将用户登录的会话信息保存到分布式缓存工具中。

在整个用户登录场景中，业务操作耗时 3485 毫秒。其中，调用 EJBBean.query 的执行耗时最长，为 915 毫秒。开发人员可以根据监控数据进行有针对性的调整与优化。

信创应用治理方案

除了对业务应用进行监控外，对整体资源进行管控治理也是一个重要环节。在资源异常占用的场景下，当用户访问系统时，随着请求的增加，应用系统的响应时间不断延长甚至无法响应。为了解决这个问题，我们需要采取两个方面的措施。首先，针对服务端的 CPU 和内存占用情况进行监控，并设置阈值进行告警。一旦超过阈值，智能运维平台将启用运维人员协助机制，根据资源使用情况进行动态伸缩。其次，需要监控长期占用不释放的资源。例如，如果应用程序在申请数据库连接后长时间不释放，就会逐渐占满整个资源池，导致后续业务无法响应。因此，需要建立应用监控治理体系，及时处理这种情况。

应用监控治理是确保应用系统持续稳定运行、及时发现和解决问题的战略计划。它涵盖了监控内容定义、监控策略制定、预警机制、问题处理流程以及持续优化等方面。在迁移监控和优化方案中，确保新应用在迁移过程中和迁移完成后保持稳定运行至关重要。在新旧系统并行运行期间，需要建立全面的监控机制，以确保新应用的稳定性和性能。以下是应用监控治理的主要方面：

- 系统性能监控：监控 CPU、内存、磁盘和网络的使用率，确保系统资源合理分配，实时检测性能瓶颈，并及时进行优化。
- 服务可用性监控：监控系统各个服务调用链的运行状态，确保服务正常运行。为重点服务设定警报阈值，并接入通信系统，一旦服务不可用或出现问题，可以通过邮件或短信等方式及时通知相关人员。
- 用户体验监控：监控用户访问速度和响应时间，确保用户体验不受影响。同时收集用户反馈和投诉，及时处理和回应。
- 数据一致性监控：监控新旧系统之间的数据同步状态，防止数据不一致问题，并定期验证传统环境和创新环境下两个系统之间数据的正确性。
- 异常事件监控：通过应用系统日志收集和监控，捕获异常事件和错误信息，实时响应异常情况，进行故障排除和修复。

信创应用优化方案

应用治理和优化是一个持续的过程，需要根据业务系统运行和场景变迁不断调整参数、改进配置并优化性能。为了保持系统的稳定性和性能，我们需要回顾监控数据和评估信创环境运行日志数据，以评估信创应用的运行状态，最终根据评估结果数据调整监控指标和优化策略。此外，对运维团队进行持续培训也非常重要，可以使他们更好地理解信创环境，并有效进行监控和优化。我们还需要跟踪新技术和最佳实践，及时更新服务，以适应不断变化的需求。同时，我们需要鼓励用户提供反馈，收集意见和建议，以便及时优化信创环境应用信息。

应用迁移优化方案旨在通过持续的优化措施，提升信创环境应用的性能和稳定性，以满足用户需求。优化方案应包括以下方面：

- 性能优化：基于 JVM 的性能监控数据，定期分析系统性能，识别瓶颈并制定优化方案。
- 资源管理：根据资源使用情况，优化资源分配策略，确保资源被充分利用。考虑使用分布式缓存技术，减轻数据库负担。

- 空间规划：根据用户访问量和预测，制定容量空间规划，保障系统能够承受峰值负载，及时扩展服务器容量，以满足用户需求。
- 安全优化：定期进行安全漏洞扫描，保证系统不受安全威胁，并及时提供更新应用程序的安全补丁，提升系统安全性。
- 用户体验优化：收集用户反馈，了解用户体验问题，并采取解决措施，优化界面设计和交互，提升用户满意度。

通过建立完善的迁移监控和优化方案，可以在应用迁移过程中确保新应用的稳定性和性能。监控计划将帮助我们及时发现问题，优化计划则能够持续提升系统性能。持续改进计划则能够保持系统的健康状态，让系统适应业务变化和技术发展。在整个应用迁移过程中，迁移监控和优化方案将为企业提供可靠的保障，确保新应用能够在迁移过程中和迁移完成后保持稳定运行。

第 3 章 应用集成类系统迁移实施路径

基于全栈中间件的
信创实践技术与方法

3.1 应用集成的现状与挑战

信创应用的迁移是一项牵一发而动全身的复杂工作。对于拥有众多应用系统的企业尤其如此。已经迁移的应用之间，已迁移和未迁移的应用之间，如何在新的环境下确保流程和数据等要素的贯穿和整合，是一个极具挑战的话题。

在数字化浪潮的推动下，随着企业信息化的不断发展，企业建设的应用系统越来越复杂。为了实现不同的业务需求以及适应不同的使用场景，这些系统可能使用不同的开发语言编写，运行在不同的服务器上，有各自的系统架构和平台。但是随着这些系统的不断增加，企业内部系统间的交互越来越频繁，它们之间开始需要越来越多的信息传递交互，那么这些应用就需要被有序地集成起来。要实现传统的业务系统与现代系统之间的对接，具体用什么方式对接、需要哪些能力来保障对接的可靠性等一系列问题就接踵而来。因此，对于企业来说，寻求一个既能满足当前业务需求，又符合信创的合规需求，同时具备足够灵活性去应对未来挑战的应用集成策略，成为迫在眉睫的任务。

应用集成是什么，它解决了哪些问题

到底什么是应用集成？一个业务应用是一系列具有业务逻辑功能的组合，不论是传统的单体应用架构、SOA 架构应用，还是现在大行其道的微服务架构应用，不论采用哪种软件语言进行开发设计，它们都是相对独立运行的，并且具有特定的业务功能边界。由于这些应用不依赖于其他应用就可以独立完成对应的业务功能，因此它们通常不具备完善的应用间的交互能力，例如接口服务。当这些应用在特定的业务活动中需要其他应用系统协同工作时，就需要把两个或者多个应用集成在一起，以自动实现业务的协同工作，这就是应用集成。应用集成体系框架如图 3-1 所示。

应用集成在企业 IT 架构中发挥着至关重要的作用，它主要解决了跨多个不同应用、数据库和平台的信息孤岛问题。随着企业业务的日益复杂化，应用系统也日益增多，这导致数据散落在不同的系统中，难以实现流程的连续性和数据的统一性。应用集成通过构建桥梁，让这些孤立的系统能够"对话"，实现数据和流程的无缝对接。这不仅促进了各个业务部门之间的协同工作，提高了业务流程的效率，还能确保数据的完整性和准确性。此外，应用集成还有助于降低 IT 成本，因为企业可以利用现有的应用资源，而不是投资新的系统或者定制开发去解决特定的问题。通过集成，企业还能更快地响应市场变化，因为它们能够迅速地整合新的应用或数据源，以满足新的业务需求。简而言之，应用集成为企业提供了一个更加灵活、稳健和可靠的 IT 环境，使得企业能够更好地适应和把握日益变化的商业环境。

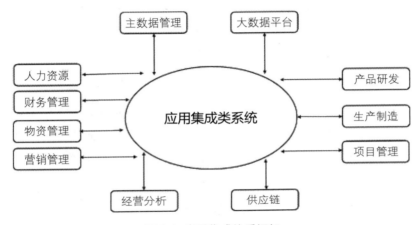

图 3-1 应用集成体系框架

应用集成主要解决了以下几个问题。

1. 打破数据孤岛

不同厂商开发的应用系统相互之间无法通信，这不可避免地会导致数据孤岛，阻碍数据在企业之间的流转。对此，应用集成可使来自不同供应商的应用相互通信，助力企业快速、轻松地实现数据共享。

2. 增强数据可见性

在集成各个异构环境中的应用后，可以快速理清整个企业的应用架构，可以清晰地查看整个企业的数据关联关系，轻松掌控企业数据流转全貌，有效帮助企业用户节约时间，让用户专注于数据洞察和创新，而不是手动执行任务。

3. 降低集成复杂性

企业的业务应用是不断增长的，新应用在开始建设时就需要考虑与现有应用系统的协同问题，应用集成可以屏蔽底层技术差异，规范企业间信息交互方式，大大降低集成难度及复杂性，节约企业成本。

4. 提高业务敏捷性

当下企业都在进行数字化转型，普遍希望实现数字化运营，因此，企业内部各部门提出了大量的信息交互需求，企业外部供应商、客户也存在大量的信息交互需求。应用集成对内可以快速满足各部门的集成需求，对外可以帮助企业更快速地识别和响应客户需求，提高业务敏捷性。

应用集成本质是建立一条信息传输的"高速公路"，通过"高速公路"屏蔽底层各类异构系统的技术架构、开发语言、运行环境等底层技术，实现数据在各业务应用间的高速、可靠流转。应用集成不论过去、现在还是未来，在企业整个IT系统架构中都占据极其重要的地位，是企业信息交互的中枢。

应用集成通常分为哪些集成类型

随着企业 IT 环境的复杂性的增加，应用集成已经成为维护企业灵活性和竞争力的关键。从早期的企业内互联互通，再到高度模块化、可扩展、易于维护的微服务架构体系，集成方式经历了从简单的数据交互到复杂的服务和流程集成的变革。根据当前的需求和技术发展，可以将应用集成方式归纳为数据集成、消息集成、文件集成、服务集成和流程集成几种，如图 3-2 所示。

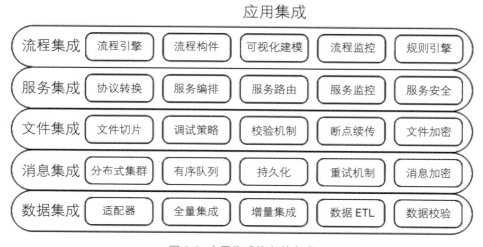

图 3-2 应用集成的多种方式

1. 数据集成

数据是企业的生命线，也是各应用系统之间交互的核心内容。数据集成主要解决的是不同应用之间数据格式、数据质量和数据同步的问题。例如，CRM 系统中的客户数据需要与 ERP 系统中的订单数据进行同步。这时，通过数据集成中间件，如 ETL 工具，可以实现数据的提取、转换和加载，确保数据的一致性和准确性。例如，零售企业在进行线上线下融合时，使用数据集成工具，可以同步线上商城和线下门店的库存数据，实时更新库存状态，为顾客提供准确的商品信息。

2. 消息传输

消息传输是应用集成中的另一个关键环节。在需要实时或近实时数据交互的场景中，消息中间件，如 Kafka、RabbitMQ 以及国内的一些消息中间件，提供了发布 / 订阅模式，允许应用异步地发送和接收消息。

例如，电商平台在接收到订单后，会将订单消息发布到消息通道，物流系统和库存管理系统可以订阅这个消息，实时响应订单处理，确保订单快速准确地被处理。

3. 文件集成

尽管听起来较为传统，但在大数据和批量处理的场景中，文件传输仍然是一个非常重要的集成方式，尤其是在银行、金融和政府部门，往往需要通过文件传输完成大量数据的交换。

例如，大型金融机构每天需要将交易数据传输给中央银行。为了确保数据的安全性和完整性，可以使用专业的文件传输工具，如 SFTP 或 Managed File Transfer（MFT），完成数据交换。

4. 服务集成

随着 SOA 和微服务架构的流行，服务集成已经成为现代应用集成的标配。通过企业服务总线、API 网关及开放 API，应用可以轻松地共享和交互服务。

例如，在线旅行预订平台通过整合多家航空公司、酒店和租车服务的 API，能够以自身的服务平台为用户提供一站式的预订服务。

5. 流程集成

流程集成主要关注的是跨应用的业务流程。通过流程集成工具，如 BPM 平台，企业可以打破部门之间的壁垒，实现跨应用的流程自动化。

一个常见的案例是供应链管理。制造企业通过流程集成工具整合其采购、生产、仓储和分销的业务流程，以确保物料和产品在整个供应链中顺畅流动，大大提高运营效率。

总结起来，随着技术的发展和业务需求的变化，应用集成在不断地演进和创新。无论是数据、消息、文件、服务还是流程，每种集成方式都在特定的场景中发挥着关键的作用，帮助企业实现信息的无缝流动和业务的高效运营。

应用集成过程面临的挑战有哪些

许多企业的信息系统在最初设计时没有考虑多个系统"协同工作"的需要。这主要是因为企业信息化建设者对信息系统由不熟悉到熟悉，从了解信息化的好处到真正体会到好处，需要一个长期的过程，这就客观上造成企业信息化建设缺乏一个整体规划，等到实际需要的时候才会想到。因此，企业的信息化往往是从单项业务系统开始的，不同系统的开发方式及对于开发规范的遵从程度都有所不同，这使得系统间存在很强的孤立性，再加上企业对外部的信息未予以足够的重视，致使各部门开发出来的信息系统最终成为一个个信息孤岛，一个系统很难与其他系统交换信息。同时，大多数企业都存在过去遗留下来的异构的系统、应用、业务流程及数据源构成的应用环境，应用环境的通信状况是混乱的，只有很少的接口文档，并且维护成本也非常昂贵。

除此之外，企业集成的不同场景也有着多种难题在等待企业去解决，其中数据集成、消息集成、服务集成、流程集成以及文件集成都有着各自需要解决的问题。

1. 数据集成的过程中需要解决的问题

（1）数据异构性：数据源可能使用不同的数据库系统、文件格式或应用程序。解决异构性要求集成工具能识别和处理这些差异，例如不同的数据类型、结构或查询语言等。

（2）数据质量问题：不一致性、不完整性、重复数据和过时数据等都属于数据质量问题。在集成之前，需要进行数据清洗和质量保证，以确保目标系统中的数据是准确和可靠的。

（3）实时与批处理集成：根据业务需求，数据可能需要以实时、近实时或批处理方式进行集成。选择适当的集成策略并确保其性能满足业务需求是一个挑战。

（4）数据安全性与隐私：传输和存储数据时需要确保数据的安全性。此外，随着各种数据保护法规的出台，确保数据集成遵循这些法规并保护用户隐私变得更加重要。

2. 消息集成的过程中需要解决的问题

（1）消息的有序性：保持消息的顺序性在异步通信中是一个关键点，当消息通过多个中间件或代理进行传递时尤其如此。

（2）消息重复：在某些情况下，如网络延迟或错误，相同的消息可能会被发送多次。系统需要有能力检测并处理这些重复的消息。

（3）消息的可靠传递：确保消息成功地从发送者传递到接收者，并得到正确的响应是一大挑战。这其中涉及消息的确认、失败重试和死信队列等策略。

（4）消息的安全性：消息可能包含敏感或私有数据，所以需要加密以及其他安全措施来确保消息的完整性、机密性和不可否认性。

（5）性能和吞吐量：在大数据流量的场景下，确保消息系统的响应时间和处理能力满足业务需求是至关重要的。

3. 文件集成的过程中需要解决的问题

（1）传输效率：如何解决 TB 级大文件及海量小文件的高效、可靠传输是文件集成的关键。

（2）容错机制：当由于网络问题或者其他因素（异常关机等）导致文件只完成部分传输时，需要建立相关机制，以应对这一问题带来的一系列影响。

（3）安全与合规：如何保障文件传输对于不同密级文件的加密、解密过程是一个不容忽视的问题。

4. 服务集成的过程中需要解决的问题

（1）服务异构性：服务可能由不同的供应商在不同的平台上使用不同的技术栈创建。整合这些异构服务通常需要中间件或适配器发挥作用。

（2）服务治理：如何有效地管理和监控服务的生命周期、版本控制以及如何处理过时的或已弃用的服务是一项重要的任务。

（3）依赖管理：确保正确处理服务之间的依赖关系，并在更改或更新服务时考虑到这些依赖关系。

（4）服务可靠性：确保在某个服务或组件出现故障时，整体的服务仍然可用。

（5）服务的安全性和认证：如何保护服务免受未经授权的访问，以及如何确保数据在传输过程中的安全性是一个需要关注的问题。

5. 流程集成的过程中需要解决的问题

（1）复杂性：企业中的业务流程可能会非常复杂，涉及多个部门、应用程序和系统。理解和整合这些流程可能需要大量的努力和时间。

（2）灵活性：在不同的业务场景下，流程可能会涉及不同的分支、并发、循环、嵌套子流程、多路选择、多路归并等流程模式，需要灵活应对这些情况。

（3）变更管理：一旦流程被整合，如何管理和实施未来的变更成为一个挑战，尤其是当变更可能影响到多个整合的流程时尤其如此。

（4）权限和安全性：流程整合可能涉及敏感数据和关键任务。确保只有授权的人员可以访问和修改这些流程至关重要。

3.2　应用集成的演进过程

为了解决上述问题，应用集成技术不断演进，呈现了一个多层次的历史进程。最初，点对点集成是主要的方式，这意味着每个应用程序需要直接连接到其他应用程序，形成一种紧密耦合的结构。这种方式效率低下且难以维护，因为每次添加新应用或进行更改时都需要修改多个连接。随着时间的推移，不同类型的集成需求变得明显，包括数据集成、消息集成、文件集成、服务集成和流程集成。如前文所述，数据集成涉及将不同数据源的信息整合到一个统一的视图中，消息集成涉及异步通信，文件集成涉及文件传输和转换，服务集成允许不同的服务相互调用，而流程集成涉及业务过程的协调和管理。随着互联网的兴起，企业需要将其能力开放给外部合作伙伴和开发者，这导致了 API 经济的崛起，企业开始提供 API 以便于其他应用程序集成其功能和数据。

总之，应用集成的这个演进过程反映了信息技术领域不断发展的需求和趋势，为企业提供了更多的工具和方法来满足日益复杂的业务需求。概括说来，应用集成的演进经历了 3 个阶段。

企业应用互联互通的阶段

1. 点对点集成的起始：无标准时代

在计算机技术的早期，当企业首次尝试互联不同的应用程序时，大多选择了点对点的集成方式。这种方式简单直接：一个系统直接与另一个系统进行通信。但这种简单性也蕴含了其固有的问题，其中最主要的是缺乏统一的通信和数据格式标准。不同的应用程序由不同团队或供应商开发，它们的数据格式和通信协议各不相同，如 XML、JSON 等数据格式，又或者是 SOAP 协议、REST 协议等。因此，每次集成都需要专门为目标系统定制。例如，在大型制造企业，可能有生产、物流、销售和财务等多个独立的系统。最初，物流系统可能需要与生产系统直接通信，获取生产数据。这需要开发者对两者都有深入了解，才能确保数据的正确传输和解释。点对点集成的起始如图 3-3 所示。

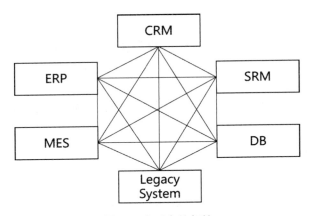

图 3-3 点对点的起始

随着时间的推移，当每个新系统都需要与现有系统进行集成时，这种方法很快变得不可维护，每一次新的集成都像重新发明轮子。企业逐渐发现，这种直接的点对点集成方式不仅难以维护，而且存在重复劳动和难以适应变化的问题，从而转向了更加集中式的架构，即通过引入一个中间层来实现系统间的解耦，这种集中式应用集成如图 3-4 所示。

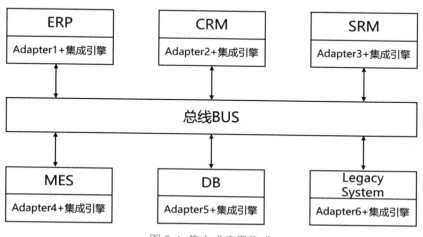

图 3-4 集中式应用集成

集中式应用集成方式相对于点对点的集成方式有了很大的改进。最开始是基于 hub-spoke 模式，即建立一个以 Hub 为中心的代理中间件，所有需要集成的系统通过适配器与 Hub 相连，Hub 负责消息的转换和路由；后来是基于 BUS 模式，即建立一个总线 BUS 来传输消息，所有需要集成的系统通过适配器与 BUS 相连，适配器负责消息的转换和发布 / 订阅。基于中间件的集成方式相对于点对点的集成方式有了很大的改进，系统只需要与中间层相连即可实现彼此间的交互，使系统连接数量大幅减少，并且很容易实现集成的监控和管理。但是，基于这样的集成方式也存在一些弊端，如性能瓶颈、单点故障、复杂配置等。

2. 基于面向服务架构（SOA）的分布式企业服务总线（ESB）登场：集成的新篇章

企业的发展过程对集成的需求是持续增长的，仅依靠集中式的协议转换平台已难以满足企业日渐复杂的集成要求。例如，如何应对不可预知的服务访问情况，例如突发的服务访问、不稳定的网络造成的访问异常等。在此情况下，提高企业服务总线的可靠性和高性能成为企业关注的重点。因此，面向服务架构的企业服务总线 ESB 作为一个新的中心化的平台应运而生。它不仅解决了点对点集成的复杂性，还可以实现服务限流、熔断、负载均衡、集群、加密、事务管理，以及服务编排和服务治理等能力，大大降低了企业服务集成的复杂性，提升了企业的服务管控能力。ESB 集成如图 3-5 所示。

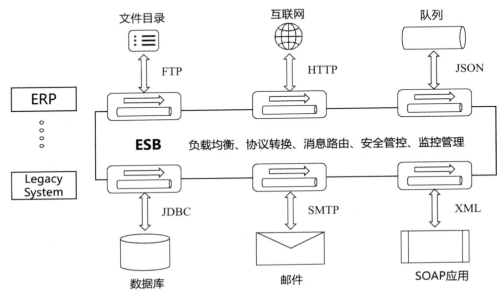

图 3-5　基于 SOA 体系的 ESB 集成

特定场景的技术迭代阶段

随着企业业务的发展和技术的进步，应用集成面临更加复杂的场景和需求。特定的技术和策略开始为特定的场景而生。为了解决这些特定场景的业务需求，需要用到的技术手段也发生了较多的变化。

1. 数据集成

数据集成关注的是如何将分散在多个源系统中的数据有效地整合到一个统一的视图或数据仓库中。例如，一个大型零售商可能需要从各个门店、线上平台以及供应链合作伙伴处收集销售数据，以便进行全面的销售分析。为了解决这一需求，相关技术如 ETL（Extract-Transform-Load，抽取－转换－装载）应运而生。这些技术不仅可以从各种数据源中提取数据，还可以进行必要的转换和清洗，以保证数据的准确性和一致性。

2. 消息集成

与数据集成不同，消息集成更加关注的是如何实时地在应用之间传递和处理消息。例如，当一个订单在电商平台上被创建时，库存系统、物流系统和财务系统都需要接收到相关的通知并进行处理。消息中间件如 RabbitMQ、Kafka 等开始广泛应用，它们为应用之间提供了一个高效、可靠的消息传递平台，确保消息能够准确无误地被传递和处理。

3. 文件集成

文件集成关注的是如何高效地在系统之间传输大文件或大量的小文件。例如，一个集团公司可能需要与其子公司分享大型的设计文件，而这些文件往往无法通过电子邮件或传统的文件传输协议进行分享。此时，专门的文件传输解决方案如 FTP 或 SFTP，或是更加高级的文件同步与分享平台如 Dropbox、OneDrive 等，开始在企业间得到广泛应用。

4. 流程集成

流程集成关注的是如何将多个独立的业务流程整合为一个连贯、统一的流程。例如，一个产品从设计、生产、销售到售后服务，每一环节都可能涉及多个部门和系统。通过工作流引擎和 BPM（Business Process Management，业务流程管理）工具，企业可以定义、优化和自动化这些跨部门、跨系统的流程，确保整个流程能够顺畅、无缝地进行。

这个阶段可以说是应用集成的"细化"阶段，每一种集成技术都是为满足特定场景的特定需求而生。随着企业数字化的进程不断加快，这些技术也将持续演化，为企业提供更加强大、灵活的集成能力。

对外部进行能力开放阶段

随着互联网技术的飞速发展，企业不仅需要实现内部系统的集成，还需要与外部合作伙伴、供应商和客户实现深度集成。因此，微服务架构应运而生，它将一个大型的应用程序拆分成一组小型、独立的服务单元，每个服务单元都有自己的独立功能，并可以通过 API 进行通信。这种架构使得应用程序更加模块化、可维护和可扩展。每个微服务可以独立开发、部署和扩展，因此团队可以并行工作，快速交付新功能。微服务架构还提供了更好的故障隔离性，一个服务的故障不会影响整个应用程序，提高了系统的可用性和可靠性。微服务也促进了多语言和多技术栈的使用，每个服务可以选择最适合其需求的技术。在这一背景下，API 经济逐渐兴起。企业开始将其核心功能和数据开放为 API，供外部开发者和合作伙伴使用。例如，许多制造型企业会将自己的产品放在互联网电商平台上面进行销售，这就需要将自身的库存数据、产品信息、订单管理、物流跟踪等功能通过 API 与电商平台进行对接。这一策略不仅提高了企业与其合作伙伴之间的协同效率，也为企业创造了全新的收入来源。基于微服务架构的能力开放机制如图 3-6 所示。

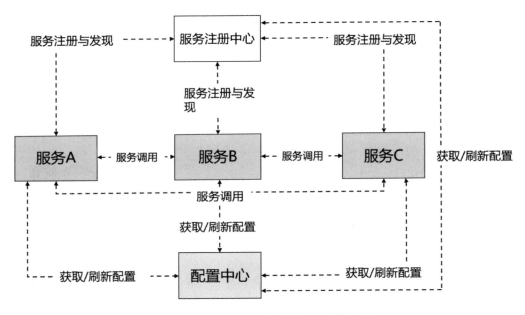

图 3-6 基于微服务架构的能力开放机制

API 经济的崛起代表了企业间合作模式的重大变革。传统的企业之间的合作往往基于详细的合同、固定的流程和定期的数据交换，这种模式在很大程度上限制了合作的灵活性。而 API 经济则为企业提供了一种更加动态、实时、灵活的合作方式。

当然，API 经济也带来了一些新的挑战，其中最大的挑战是数据安全和合规性。开放 API 意味着企业的数据可能被外部的开发者和合作伙伴访问，这就需要企业在设计 API 时严格考虑数据的安全性和访问权限。此外，跨国的数据交换还需要考虑各国的数据保护法规差异，以确保数据的传输和存储符合相关的法律要求。

这一阶段的主要特点是：API 的广泛应用、集成的开放性和互操作性、深度的业务合作和创新。企业不再仅满足于内部系统的集成，而是将集成的视野扩展到整个业务生态圈，从而实现更广泛的业务合作和创新。

总的来说，应用集成从最初的简单连接到当前的复杂集成架构，其背后反映了技术的进步和企业业务需求的变化。企业需要不断地学习和适应，选择最合适的集成方案，以确保信息流动的顺畅和业务的敏捷性。

3.3 应用集成架构设计

按照 TOGAF（行业标准的体系架构框架，The Open Group 标准之一）的方法论，对于企业应用系统各自一部分或几部分的主数据及顶层业务流程的子流程和子环节，企业在顶层业务流程流转的时候，势必会涉及应用系统之间的数据交互，这种数据交互就需要有一定之规。另外，随着企业业务和生态的发展，不止在业务内部，在企业外部与生态、政府等其他第三方组织之间也会有数据交互，目前主流思路是以 Open API 的形式来打通企业与外部的数据交互。在集成框架层面，其实需要考虑的是基于业务场景的快速集成和集成标准，例如，针对企业内部，有统一消息平台、统一任务中心、服务集成平台、文件传输、跨系统报批的作业调度等场景；针对企业外部，金融行业中间业务的代收代缴就是基于 Open API 打通第三方的典型场景。只有基于场景制定了集成标准，积累了相关技术和业务组件，才能逐渐形成适合业务的目标技术集成框架。

应用集成框架

应用集成框架，顾名思义其目标就是要将各应用整合起来，以一致的视图展现给使用者。从 B/S 到 SOA 再到云计算、大数据的技术演进，标志着 IT 建设已经进入深水区，大型企业动辄上百个应用系统，如果多个应用不能整合，就会造成应用间互联互通的困难，直接影响用户的使用体验。在当今的数字化时代，企业的应用集成架构已经成为商业成功的关键因素。它就像一座桥梁，将企业的各种应用系统紧密地连接在一起，使得数据的流动和信息的交换变得更加顺畅。因此，企业在进行数字化转型过程中，应用集成的优先级应该是最高的。图 3-7 所示为应用集成体系的框架示意图。

图 3-7 应用集成体系框架

总体来讲，所谓集成就是要做整合，需要建设覆盖企业全业务链条的集成通道，推动业务持续创新与发展。从业务使用视角和实施运维的视角来看，相关集成组件一般有页面集成、流程集成、服务集成、消息集成、数据集成和一些其他公共的集成所需的组件。我们先从服务集成讲起。

服务集成

1. ESB 与网关区别

在互联网技术的引领下，微服务架构得以流行，服务集成的相关工作，首先由 API 网关（Gateway）负责，乍一看貌似没有 ESB 什么事，实则不然。传统企业已有 IT 积累，并且应用规模庞大，数以十计甚至百计的业务和管理类系统在运行，完全使用微服务相关技术栈全面改造这些系统就是纸上谈兵。我们必须承认，ESB 在传统企业应用系统间的服务枢纽地位牢不可破，仍将持续发挥着重要的作用。ESB 继承了曾经的 EAI（Enterprise Application Integration，企业应用集成）的思想，把系统间通过 EAI Hub 和 Agent 进行数据集成的方式转变成了面向服务的标准化集成方式。正是因为在 SOA 时代实施了 ESB，系统间服务集成才得以统一成基于 HTTP+XML 协议的 Web Service 标准，变得标准化、规范化和可治理。

回顾这段从数据到服务集成的历史，能够更清楚地认识到企业和用户多年来不断变化和发展的需求。在已有业务系统之间实现服务打通仍是 ESB 的核心任务。面对数字化转型中新的业务需求，需要能够围绕一个简单、灵活的标准协议对所有新应用进行连接。相对而言，Web Service 协议略显沉重，ESB 由于其集中式枢纽的地位，快速响应变更对于它来说也不是很合适。轻量、快速响应变化且可配置的敏捷集成执行能力对于数字化企业至关重要。互联网类的业务率先开始采用微服务的技术栈建设，凸显了 API 网关的关键作用，网关需要精心设计以服务于数字化企业的业务转型加速，需要让应用集成更简单。为此，网关使用了更轻量级的 HTTP 协议和 RESTful 风格的 API，可以更方便地打通移动端、物联网设备、云服务等多渠道的应用。

因此，我们的结论是，即使在数字化转型时代，企业中的 ESB 与 API 网关仍将长期共存，两者都是 IT 系统之间的服务集成平台。ESB 作为系统之间服务集成的枢纽，网关则在微服务架构体系的业务领域内部进行系统之间集成通信。不论是 ESB 还是网关，作为企业服务总线实现服务集成，应该重点关注的内容都包含身份验证、权限管控、服务路由能力增强等。复杂的服务组装、数据、协议转换工作通常需要编码开发，灵活度低，容易产生故障，不建议在服务集成平台中实施，这类工作建议交给负责应用实施的平台负责。

2. 企业服务总线要能够融入微服务生态中

建设企业服务总线，要考虑如何融入微服务生态中，与微服务基础服务中的注册中心、配置中心、监控中心、日志中心等基础组件实现集成，这将大大加强服务集成平台的服务治理、路由、运维等能力。

- 与注册中心集成：企业服务总线通过注册中心获取应用的实例信息，例如应用有几个集群组、每个集群组中有哪些实例进程等，使得企业服务总线的路由、负载等相关能力更强大。

- 与配置中心集成：通过配置中心在线动态修改配置，自动同步到企业服务总线，结合配置热更新能力，企业服务总线就可以做到不停机修改和调整相关的控制策略，更加灵活快速地响应变更。

- 与监控中心、日志中心集成：企业服务总线本身也是分布式部署的，可能不同渠道、不同业务域甚至不同类型的客户端都会部署企业服务总线集群，集成了监控中心、日志中心后，分布式部署的服务集成平台也可以做到统一的监控和服务跟踪，在享受分布式架构好处的同时，还能有聚合监控的体验。

3. 服务集成平台应提供灵活的路由与服务控制能力

服务总线要支持对 API 权限的管控

服务总线作为业务系统的 API 入口，当其面向外网的访问者时，还应起到内外网分界的作用。访问验证理应由企业服务总线负责，不应该将令牌验证的事情交给服务提供者，这样既能避免未经验证的请求进入内网，又能够简化服务提供端的代码，使得服务提供端无须处理不同类型客户端的验证。

企业服务总线验证访问令牌有两种方案：委托认证授权服务验证与直接验证。

- 委托认证授权服务验证：每次收到请求后，企业服务总线均将访问令牌发送到认证授权服务进行认证，认证通过后才允许继续访问。
- 直接验证：要求企业服务总线能识别认证服务颁发的令牌，这种模式推荐用 JWT 令牌，服务集成平台需要具备解析校验使用 JWT 加密的访问令牌的能力。

上述两种方案中，方案一的令牌是无业务含义的身份标识字符串，每次收到请求，企业服务总线都需要访问认证服务器来进行认证，认证服务器的性能压力较大。方案二颁发的令牌中包含部分客户端或用户信息，使用 JWT 加密，认证服务将验证方式或 SDK 提供给负责认证的服务集成平台，对于认证服务器来说，减少了每次请求令牌认证带来的通信次数，负担变轻了，因此推荐采用这种方案实现令牌检查。需要注意的是，方案二的 JWT 令牌中仅包含必要的信息即可，不要放太多的角色权限信息。后续功能中需要额外的信息时，可以根据令牌再去认证服务中获取。如果令牌中存放了很多的权限数据，一旦后台的授权数据发生变化，令牌中的权限数据与实际认证服务的权限就会存在不一致的问题，那么用户只能强制下线并重新登录。

企业服务总线要支持应用分组路由（版本控制、灰度发布）

基于可靠性、性能方面的考虑，通常一个服务提供者应用会以集群形式对外提供服务。随着快速响业务变化的需求越来越多，应用通常会进行多版本并行迭代、快速交付。例如，某个应用在生产系统中同时运行了两个集群，也就是说同样一个 AppId 对应了多个进程实例，实际上在注册中心划分为两个组，一组为之前上线运行的稳定版，另一组为新上线的版本。这种场景下，就要求企业服务总线能够支持对同一个 AppId 进行分组路由，不同组的应用 API 对应不同的版本。这个场景就是我们常说的通过企业服务总线进行 API 的版本控制。企业服务总线支持了应用分组路由的能力，也就意味着支持了应用灰度发布。

企业服务总线要支持动态负载均衡

一个服务提供者应用集群中会存在多个进程实例，这些进程实例会与注册中心通信，报告自身的健康状况。而企业服务总线则需要支持通过注册中心获取应用的实例列表信息，用以在服务路由过程中实现负载均衡调用。借助注册中心的能力，当集群内的应用实例增加或减少时，企业服务总线均可在短时间内知悉。因此，在这种模式下，企业服务总线对应用的动态负载均衡也能够很好地支持。服务集成平台应该支持常见的几种负载均衡策略，例如轮循、随机、哈希、一致性哈希、权重比例等，还需要提供良好的扩展能力，以针对企业应用的特点进行扩展。

企业服务总线要具备熔断、降级、限流能力

服务熔断、降级、限流等概念均是从可用性和可靠性出发，为了防止系统崩溃而采用的一些保护性手段。对于服务消费端的体验是类似的，都是部分服务暂时不可用。不同的是这三者的触发时机有所不同，分别说明如下：

- 服务熔断：这个概念出自用于电力设备保护的保险丝机制，实质上是指在应用集群内，如果某个应用发生了故障，则将它断开，即在负载均衡时将它排除在可用列表之外。企业服务总线自身内部应该包含客户端路由的能力，一旦调用某个应用发生故障，应该随即记录在案，短期内将故障应用实例排除在路由目标范围之外，待它恢复之后，再次启用。这种熔断策略是被动触发的，能够有效地防止因为单点故障引发的连锁反应，甚至崩溃。

- 服务降级：与熔断不同的是，服务降级是在企业服务总线判断当前运行负载过高时，预防性地将一些优先级低的非核心服务调用请求主动舍弃掉，避免服务提供端压力过大而导致崩溃。

- 服务限流：限流是针对服务消费者请求的限制手段，通常基于 API 访问次数的计量结果进行控制。静态限流模式类似流量套餐，例如，按请求数量计费的模式，套餐限制一天内调用某一组 API 的次数不超过 1000 次，超过后企业服务总线就会阻止消费端

的调用请求。动态限流模式与服务降级类似，在运行负载高的时候，限制优先级低的客户端请求，将主通道让路给核心和重要业务的运行。

4. 微服务架构下 API 网关能力构成

API 网关是一个可扩展的由多个组件组成的系统，作为微服务和前端客户端之间的中间层，可用于管理和公开多个 API。API 网关的核心能力包括以下几个方面。

（1）API 路由和负载均衡：API 网关可以将来自前端客户端的请求，根据请求的 URL 路径、请求方法、请求头等信息，经过调度路由到微服务集群中的相应实例。API 网关还可以根据请求的负载情况运行相应的负载均衡策略，将请求均衡地分配到不同的后端服务实例上，以提高系统的可伸缩性和可靠性。

（2）安全认证和鉴权：API 网关可以为应用程序提供身份验证和鉴权服务，以确保只有授权的用户或应用程序可以访问相应的 API。它可以与标准身份验证（如 OAuth、OpenID Connect）或自定义身份验证服务集成。API 网关还可以执行各种鉴权策略，例如基于 JWT 的扩展验证、基于角色的访问控制、API 密钥管理等。

（3）缓存和限流：API 网关能够实现对 API 请求的缓存和限流。缓存可以缓解后端服务中的负荷和响应时间；限流则可以限制请求的频率和容量，以保护后端服务免受滥用和拒绝服务攻击。此外，API 网关还可以进行性能调整，优化内存利用率和网络带宽利用率。

（4）监控和分析：API 网关可以收集、监视和分析 API 的请求和响应数据，例如请求响应时间、错误率、流量分布等。这些数据可以用于实时监测系统的运行状况和性能指标，并进行实时的节能维护和运营活动，包括基于指标的报警、事件记录和异常处理。

（5）日志和审计：API 网关还能记录和存储 API 请求和响应的日志，这些日志可以用于故障排除、安全审计和合规性检查等场景。API 网关还可以将持久性记录委托给日志管理系统，这些日志可以用于监视 API 使用情况和性能趋势，了解应用程序响应的跟踪和诊断信息。

案例：某电信运营商实现对内服务治理、对外能力开放

某电信运营商经过十多年的建设与发展，已建成一个覆盖范围广、通信质量高、业务品种丰富、服务水平一流的移动通信网络，成为长三角地区领先的通信运营企业。该运营商在发展过程中陆续建设了支撑业务发展的上百套系统，系统间架构、开发语言、交互方式各不相同。为应对互联网产业链主导权的竞争，通过服务总线平台解构系统、梳理服务，对内实现服务治理，对外实现能力开放，提升了能力使用效率，拓展了互联网化营销模式，优化了客户服务能力，创造了新的价值，为数字化转型奠定了基础。其服务集成整体建设方案如图 3-8 所示。

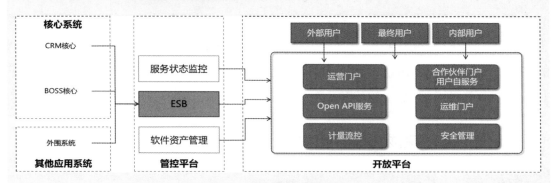

图 3-8 服务集成建设方案

服务治理解决方案：实现内部系统横纵贯通、核心 IT 资产安全可控及接口服务全生命周期管理。接入系统数量 100+，接入服务数 5000+，日调用量 105,073,594 次，峰值 TPS 8000 次／每秒，能够支撑运营商生产系统海量并发需求，达到互联网级服务处理能力。

能力开放平台解决方案：通过建立企业级能力开放平台，将集成商核心 BOSS 与 CRM 接口安全、可管控、可计量／计费地提供给合作伙伴，通过合作伙伴自助接入的方式，既实现了标准化和快速交付，又大幅降低了运营商投入；与外部厂商实现平台化思维的互联互通，实现低成本、高效率的业务创新。

数据集成

数据集成是将不同来源、格式、特点的数据在逻辑上或物理上有机地集中组合成可信的、有意义的、有价值的信息，从而为用户提供全面的数据共享。其主要目的是将分散在不同位置、不同格式、不同类型、不同时效性的数据整合到一起，以便于企业进行决策分析、业务管理和市场营销等方面的工作。数据交换技术一共有 3 个步骤，分别是：

- Extract（抽取）：从不同数据源抽取数据。
- Transform（转换）：按照一定的数据处理规则对数据进行加工和格式转换。
- Load（装载）：将处理完成的数据输出到目标数据表中（也有可能是文件）。

传统的数据集成交换技术比较死板：只能从一个数据源中抽取数据到目标数据源，中间只能做简单的过滤清洗和转换；流程单一，在需要结合多个异构数据源同时进行数据同步的场景下无能为力；在需要做整库的迁移时，只能根据目标的个数编写每一张表的迁移流程进行数据迁移，并且不能自动将目标数据源的表创建出来，造成大量冗余的工作，常常使开发人员望而却步。面对实时同步数据的场景，许多传统的数据交换系统不能提供实时抽取数据的组件或功能，不能应对新形势下数据集成发展的趋势。

1. 新一代数据集成关键技术解析

数据流程在线编排

数据交换平台基于元数据配置形成数据管道，每一个流程节点都会作为一个单独的线程运行，负责对数据进行抽取、转换或者装载。每一个管道会实例化为一个队列，形成数据的高速通道。类似工厂的流水线处理，每一个组件只会负责自己特定的业务，在处理完成自己的业务后就将数据放入下一个步骤的通道中，下一个步骤会从上一个步骤的通道中获取到数据进行业务处理，形成流水线式的数据处理方式，如图 3-9 所示。

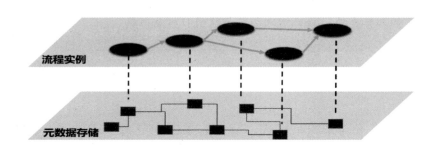

图 3-9 数据流程编排

基于流水线处理方式，数据集成能够实现多个异构数据源同时进行混合的数据抽取。这在复杂的数据处理场景下非常重要，例如：在进行流程数据迁移的时候，业务数据保存在业务系统的数据库中，但流程数据却保存在流程引擎所对应的数据库中，并且流程数据一般会采用 XML 或 JSON 形式进行存储。那么在这个时候，数据交换平台需要将业务系统中的数据和流程引擎中的流程数据结合起来进行数据的抽取，经过排序、过滤、转换的步骤，能够对数据进行判断，并根据判断的结果将数据放入不同的异构数据源中。这种灵活的数据编排方式在传统的单一职能的 ETL 流程中是无法完成的。

实时数据处理

现代的数据集成平台一般会提供对变化数据捕获机制的支持。

变化数据捕获简称 CDC，这种方式主要应用于增量数据同步并且实时性要求较高的场景。CDC 方式的数据同步具有低影响、低延迟、高性能等特点。在这种方式下，数据写入主存储后，会由主存储向辅存储进行同步。这对应用层是最友好的，后者只需要与主存储打交道即可；主存储到辅存储的数据同步则可以利用异步队列复制技术来做。不过这种方案对主存储的能力有很高的要求，要求主存储能支持 CDC 技术。目前，每种数据库实现 CDC 的方式和方法各不相同，于是就需要根据数据库类型定制化 CDC 的开发。

案例：以 MySQL 为例采用 Canal 实现 CDC 数据同步

Canal 利用 MySQL 的 Slave 协议将自己伪装为 MySQL 的一个子服务器，向 MySQL Master 发送 Dump 协议。MySQL Master 收到 Dump 请求后，就会将记录的日志信息发送给 Slave（也就是 Canal），Canal 解析日志信息，获取需要同步的数据。数据交换平台通过 Canal 组件监听 Canal 服务获取变化数据，并交给后面的增量数据输出组件，增量数据输出组件根据 CDC 所捕获的操作类型（Insert，Update，Delete 等）对目标数据库进行相同的操作来完成数据同步。

整库批量数据迁移

在很多情况下，整库的批量数据迁移是一个典型场景。采用元数据引擎技术，可以实现在迁移过程中自动判断表是否存在，如果不存在，则自动根据源表的信息在目标库中创建相应的表（即使是异构数据库的表）；如果目标表存在，则能够直接进行数据同步。这就是现代的整库批量迁移方案。在这种方案下，数据集成平台能够通过简单的可视化操作，对数据源进行批量的数据交换处理，并满足如下的延伸特性：基于作业模板实现业务能力定义；自动控制数据交换中的各种数据转换；自动进行数据分批次交换传输等。批量数据交换加强了大数据量的交换能力，配置、部署、运维简单，能够有效提升开发人员的开发效率和质量。

大数据融合处理

传统 ETL 主要以 SQL 为主要技术手段，经抽取、清洗转换之后，把数据加载到数据仓库。但是，在如今移动互联网大力发展的场景下，产生了大量碎片化和不规则的数据。这中间的数据导入和 SQL ETL 提取过程，大量消耗 IO 性能和计算资源，在很多场景下已经是数据处理的瓶颈所在。Spark 通过在数据处理过程中使用成本更低的洗牌（Shuffle）方式，将 MapReduce 提升到一个更高的层次。利用内存数据存储和接近实时的处理能力，Spark 比其他的大数据处理技术的性能要高很多倍。此外，我们还可以使用 Flume On Yarn 架构，这是一种基于 XML 描述的、可编程的函数 ETL 转换方式。这种方式充分利用了 Spark 对大数据的处理能力，通过 XML 文件描述源和目标以及中间的转换过程，控制 Spark 对数据进行 ETL 的处理过程。它在应对 Hadoop、Hive 以及 HBase 等任务处理时，也能够充分体现出大数据处理的优势。

标志位数据同步

在抽取数据时，根据查询游标自动增加并生成一个标识位的列，在传输到目标表中时，如果提交成功，就会将成功的标识位记录到本地的存储中；如果提交失败，则会记录失败之前已提交成功的标识。在数据交换重新执行时，判断是否有标识位的存在，如果存在，则将查询游标根据标识位进行定位，从定位处进行数据的抽取。通过这种方式实现数据库两表之间的断点续传，以及增量数据同步的能力。

周期数据交换

数据交换平台作为一个批量数据处理系统，每天都会进行大量的数据处理作业，这些作业之间可能存在复杂的时序关联，因此必须有一个具备一定自动化程度的调度层，来实现作业有序、高效的执行。作业在运行前都需要在统一调度系统中注册，注册成功后，再由调度系统自身的调度管理程序根据配置的任务计划来决定作业的执行次序，并进行资源调配。

一般来说，调度包含以下内容。

- 触发方式：在调度管理中定期根据日历、频度进行作业触发。
- 作业次序：触发后作业会根据之前设定好的数据进行排序，调整作业次序。
- 任务计划：任务计划会按照配置好的任务执行周期来进行任务调度。
- 资源调配：在执行调度的时候，会根据注册的作业服务器的状况进行资源分配，执行传输任务。

2. 数据集成可靠性

为了确保数据集成过程中数据不会丢失或损坏，需要为此建立高可靠、高可用方案，包括：

- 多副本复制：将数据分散到多个副本中，每个副本都有相同的数据。在数据集成过程中，如果一个副本失败，可以切换到其他副本，从而保证数据集成的可靠性。
- 数据备份：将数据集成过程中的数据存储到备份设备中，用于恢复数据集成过程中丢失或损坏的数据。
- 故障转移：将数据集成过程中失败或损坏的数据转移到其他设备或系统中。
- 负载均衡：在以单台作业服务器实现多作业并发时，需要通过多节点负载方案，解决数据 ETL 过程压力过大的问题。通过负载均衡组合多个作业服务器节点，将作业通过负载算法分摊到这些节点上执行 ETL 过程，使这些作业服务器能以最好的状态对外提供服务。这样系统吞吐量更大，性能更高，对于用户而言，处理数据的时间也更短。并且负载均衡增强了系统的可靠性，最大化降低了单个节点过载，甚至宕机的概率。

案例：某省通过建设统一数据共享道通实现数据融合

某省在"一个平台、两个市场"方略实施过程中，搭建了综合管理服务平台和资源数据中心基础框架，但数据分散在下级单位不同部门和系统里。在没有统一的数据交换共享机制的情况下，如何合理建设数据资源交换共享机制，整合各委办局数据资源，以满足政府信息化建设需求成为亟待解决的问题。针对不同类型数据的交换场景，其数据集成架构如图 3-10 所示。

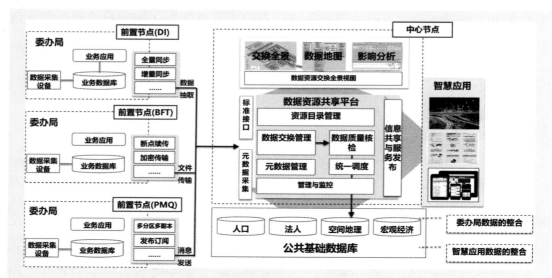

图 3-10 多级数据集成架构

前置节点具备数据集成、消息集成、文件集成的能力，是委办局数据交换的边界，实现委办局节点与各业务系统的隔离。中心节点包含市级中心节点与省级中心节点，市级中心节点负责县级前置节点到市级中心节点的数据交换，并对交换缓冲区的数据进行核检和处理，然后传输到共享信息库。省级中心节点负责将市级中心节点的数据进行清洗转换后，进行数据存储与共享。

通过建立覆盖多级的资源共享平台，方便快捷地实现了下级单位各系统的信息资源的交换与共享；同时，平台作为城市政务数据的进出通道，实现了城市政务数据的交换、清洗、整合和加工。平台提供的政务数据共享服务，为城市政府专网和公共网络上的各类智慧应用提供了基于城市公共数据库的数据服务、时空信息承载服务、基于数据挖掘的决策知识服务等。

消息集成

MQ 消息中间件是一种常用的分布式系统通信机制，可以帮助应用程序在异步和分布式环境中进行通信。随着技术的发展，它已经成为了现代分布式系统中不可或缺的一部分。

MQ 消息中间件一般采用轻量级的"生产者－中间件－消费者"模型，实现高效的异步通信和数据传输。其技术架构主要包括生产者（Producer）、消息中间件（Broker）、消息队列（Message Queue）和消费者（Consumer）四个组成部分。

其中生产者负责生产和发布消息；消息中间件则是消息的媒介，用于存储和转发消息，同时也可决定消息的路由策略；消费者负责订阅并接收消息；消息队列则是消息中间件的临时存储区，用于存储消息从而保障消息的可靠投递。MQ 消息中间件最大的特点灵活性高，对不同的运行环境和应用场景都能够提供最合适的解决方案。

1. 关键能力解析

消息传输

通过消息传输，特别是异步消息传输，可以帮助应用程序实现异步海量消息通信，解决应用之间协作的问题，从而提高系统的性能和可靠性。消息传输一般具备如下能力：支持消息加密传输，内置加密算法（如 SM4），用户可以通过预留接口增加新加密算法；支持消息压缩传输，将原始消息经过 gzip、deflate 等压缩算法进行处理，减少消息的大小，从而降低网络传输的负载，提高传输效率；支持点对点、发布 / 订阅、路由转发三类消息传递模式；在消息传输过程中支持 TCP/IP、UDP、HTTP、WebSocket 等多种传输协议，支持基于 TCP/IP 的 AMQP、STOMP、MQTT 等多种消息传递协议等，以应对不同环境的传输协议要求。

消息路由

消息路由是指通过路由规则动态规划消息的传输路径，使消息按照过滤条件，从消息源路由到目标节点。生产者通过虚拟主题或虚拟队列将消息转发到新的主题或队列中，转发消息时可按照一定的消息规则进行过滤。通过不同的消息组件之间快速、可靠的互联，可以解决自动发现和注册的问题。消息路由实现了对数据路由的灵活控制和数据安全性的提升。

消息转换

消息转换是指将消息转换为适合接收应用程序的格式，从而解决不同应用程序之间数据格式不兼容的问题，以便在不同的系统之间传递。在 Java 中，消息转换器 MessageConverter 可以将消息从一种类型转换为另一种类型，例如，可以将字符串转换为 JSON 对象或将 JSON 对象转换为字符串。这种转换可以在中间件内部自动完成，不需要应用程序进行特殊处理。

消息处理

消息处理是指对消息的各种处理能力，包括消息的预处理以及后处理任务，例如消息过滤、消息排序、消息优先级设置、消息去重、消息分组、消息重传、流量控制、事务管理等操作。这些处理帮助应用程序更好地关注业务相关的问题，而不需要考虑消息的底层操作细节。

消息持久化

消息持久化主要指将消息通过本地文件、数据库等多种方式进行存储，从而解决消息丢失的问题，保障消息的可靠传输。KahaDB 和 levelDB 是两种比较典型的消息持久化机制。KahaDB 是基于日志文件的持久性数据库，通过内存＋磁盘介质的方式来存储消息，同时采用索引技术对消息进行索引，以便在需要时快速查找和读取消息；LevelDB 采用键值对的方式进行存储，具有快速更新（无须进行随机磁盘更新）、并发读取、使用硬链接快速索引快照等优点。关系数据库也是另一种常见的消息持久化机制。例如，使用 JDBC 的方式来做消息持久化，通过简单的 XML 配置信息即可实现 JDBC 消息存储。

2. 消息中间件可靠性

消息集成被用于实现各个业务系统之间的数据传递和协作，作为数据传输通道，消息集成的高可靠性至关重要。如果消息在传递过程中丢失或发生错误，就会导致数据不一致、业务中断或系统故障等问题。因此，提高消息集成的可靠性，可以确保系统间的数据交换和通信能够稳定、可靠地进行，从而保证业务的正常运作。消息集成高可靠主要从以下几个方面进行考虑。

消息队列和持久化存储

消息队列是一种常用的消息集成手段，它可以将消息缓存在中间件中，并确保消息的顺序传递和可靠性。如前所述，持久化存储可以将消息存储在可靠的存储介质中，以避免消息丢失。消息中间件通常采用高效的消息队列存储解决各个应用之间高耦合性问题，并有效地进行流量削峰，实现死信队列、消息重发等功能；当消息发送出现异常时，可进行补偿式操作，最大程度保证了消息的可靠传输。消息集成能够集群部署，并拥有稳定的消息持久化能力，保证了即使出现宕机或者网络故障的情况，消息依然能够可靠传输。

消息中间件集群

现代的消息集成集群管理一般支持对节点的热增加与删除，在不重启系统的情况下，将孤立的物理节点纳入消息中间件集群管理，动态扩充集群规模，分担系统运行压力，使消息中间件系统长时间稳定运行。通过对消息队列、消息主题的动态增加与删除，扩展了系统应用能力，优化了系统的消息存储处理能力。消息中间件集群示意图如图 3-11 所示。

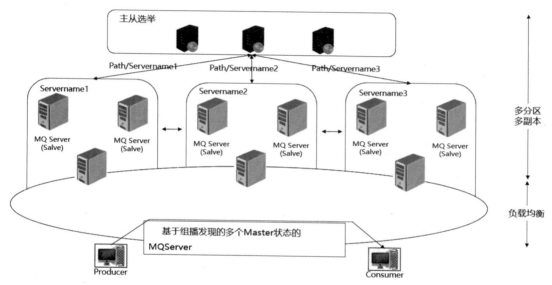

图 3-11 消息中间件集群

确保消息的完整性和准确性

在消息传递过程中，需要采用适当的机制来验证和校验消息的完整性和准确性，例如使用消息摘要、签名或加密等技术手段。

异常处理和错误恢复

通过异常处理和错误恢复机制，系统能够及时捕获和处理各种异常情况，并恢复到正常状态。例如，可以通过重试、回滚或补偿机制来处理消息传递过程中的错误或失败。

消息集成的高可靠性能够保证系统之间数据交换和通信的稳定，减少数据丢失、业务中断和系统故障等问题的发生。通过采用合适的技术手段和实施相应的措施，可以提升消息集成的可靠性，确保系统的正常运作。

文件传输

文件传输重点关注的是 PB 级大文件及千万级海量小文件在各异构系统、业务域的传输问题，包括如何快速有效地将以文件形式存储的数据进行实时传输，满足各类文件数据交换场景，完成数据的传输、更新等。下面主要从技术角度来看文件传输应该关注的内容。

1. 关键技术解析

分段式文件传输架构

在文件传输过程中，可以将文件处理划分成 4 个子模块：文件预处理模块、文件传输模块、文件后处理模块、应用处理触发模块。在每个模块中将文件发送过程封装成一系列原子操作，包括转码、压缩、解压缩、加密、解密、传输以及传输控制等。通过原子拆分实现了可控、高效、安全的文件传输。分段式传输架构如图 3-12 所示。

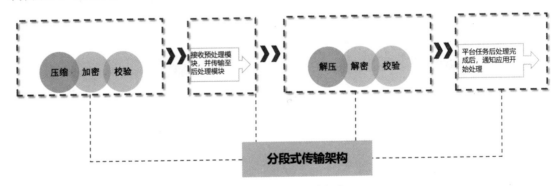

图 3-12 分段式传输架构

多场景文件传输

多场景文件传输主要包括点对点传输和特殊场景传输。

（1）点对点传输：通过 Web 界面配置，快速实现在任意两台文件代理服务器间进行点对点的文件传输；同一文件可同时向多个目标节点进行文件传输，并进行统一管理；处于两个不同网域 / 网段的代理节点可以通过共享代理节点进行文件传输，同时支持内外网间的文件传输。

（2）特殊场景传输：分离 FTP、SFTP 服务器定义与服务器认证模块，实现一个服务器对应多个用户或认证方式，通过控制管理中心界面化定义 FTP 传输策略、SFTP 传输策略、对象存储服务器传输策略，实现代理服务器与 FTP 服务器、SFTP 服务器、对象存储服务器之间的文件传输。

文件传输调度

文件传输调度相关的主流技术包括：采用周期性触发方式，以分钟、小时、天、星期为单位，周期性执行文件传输策略；通过定时触发功能，设定策略在每天某个时间准时运行；通过标识文件触发方式，以标识文件到达为条件触发策略运行；通过自定义调度配置，灵活完成自定义调度策略等。

文件控制

文件控制技术主要包含以下几个方面。

（1）文件自动发现与筛选：实时动态监听文件状态，当文件完全准备完毕后发送文件。通过文件筛选功能，按照正则表达式灵活筛选文件，限定传输的文件名称、文件类型、文件大小等。

（2）任务优先级：多传输任务高并发执行时，按照任务优先级进行传输，保障关键业务文件优先到达。

（3）断点续传：发生网络异常中断时，自动尝试恢复传输连接，连接成功后继续从断点位置进行传输。对于传输过程中出现异常的文件，智能自动判断，按指定的重试次数进行重试，以最优的方式进行重传或补传。

（4）文件校验、限流：文件校验是指通过 MD5 算法对文件块、整个文件进行双重哈希校验，通过摘要校验和完整校验保证文件数据的完整性。文件限流是指按传输任务、传输节点、机房进行限流，保证传输时不影响其他业务系统运行。

（5）加密、压缩传输：对文件进行全程加密传输，通过内置加密算法（如 DES、AES、SM4 等）防止文件数据被窃取。通过 ZIP、RAR 等压缩算法，针对海量小文件自动进行压缩传输，提高文件传输效率。

2. 可靠性方案分析

文件传输的各个组件一般分布在不同的物理设备之上，通过网络进行交互通信。由于控制模块与传输模块的分布性，必然存在单点故障的隐患，例如网络故障、设备故障等，这都会造成文件无法正常传输，随之而来的就是整个系统的停滞。因此，文件传输的所有服务模块一般均支持集群模式多活部署。当某个节点出现异常时，其上任务可自动切换至其他可用节点，避免单一节点导致的传输性能下降或系统故障。也可以通过负载均衡、任务转移等技术实现模块横向动态扩展，保障企业文件传输系统的可持续演化。文件传输的可靠性架构如图 3-13 所示。

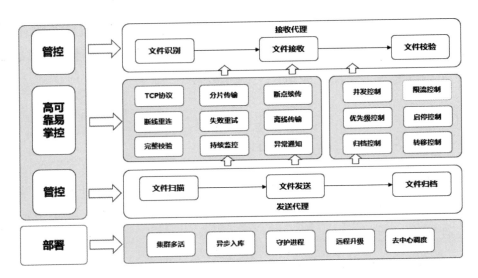

图 3-13 文件传输可靠性架构

文件传输的可靠性技术一般包括如下几个方面：

去中心化调度模式

为避免中心节点瓶颈，文件传输一般采用去中心化任务调度模式，将文件传输任务下发至各个运行节点进行调度，避免因集中式调度中心宕机而导致整个平台文件传输任务停止，并且充分利用传输节点服务器资源，支持更高数量级文件传输任务平稳调度运行。

日志异步入库机制

要兼容适配劣网环境，减少日志写入对系统数据库造成的压力，保障文件传输记录的完整性，可采用日志异步入库机制，由日志模块统一完成传输日志入库操作。在日志记录无法入库的情况下，以文件形式持久化日志信息，防止文件传输日志丢失，待网络及服务恢复后，再进行统一入库操作。

分片传输技术

文件传输可采用 TCP 可靠传输协议，通过文件分片传输技术，将传输文件切分为若干数据片段，顺序为每个数据片段分配块号，通过块号可以将文件数据顺序写入接收文件中；在文件数据接收完成后，计算接收文件 MD5 值，并与发送方原文件 MD5 值进行比较，如果完全一致，则确认此次文件传输成功，从而保证文件数据的完整性与一致性。数据分片传输能力为断点定位和续传带来便利，文件发送时判断接收方是否存在该文件的临时文件，若存在临时文件，则此次传输将采用断点续传机制，延续上次传输进度从断点位置继续发送。我们可以结合失败重传功能实现文件传输失败后的自动断点重发功能。

状态监控

管理节点实现对传输节点的状态监控。当传输节点与管理节点断开连接时，传输节点需主动尝试连接管理节点并进行状态通知。为避免网络问题对核心文件传输业务的影响，在传输节点离线状态下，传输节点将继续按计划执行已下发的传输任务。在管理模块及数据库系统均宕机的极限情况下，只要文件发送节点与接收节点未宕机并且网络畅通，文件就可正常传输。文件传输记录以文件形式存储，待网络及平台服务恢复后，传输记录通过日志中心统一入库。

文件限流

文件传输对服务器及任务进行限流和并行配置，限制同一时刻文件传输数量与占用带宽上限。通过此类服务器及传输任务属性配置，可以加强使用者对文件传输过程的管控能力，降低对同网络环境下其他系统的影响，使文件平稳、有序、可靠传输。

- -

案例：某国有银行完成数据交换完全重构，实现完全自主可控

某国有大行原本采用国外某文件传输平台构建了企业级数据交换平台，并已经承接全行 500 多套系统、40 余家分行、日均 40 万＋批量文件的交换任务，但一直存在可靠性、安全保密等问题，同时迅速增长的数据量扩容导致成本过大，平台原有的传统架构也难以兼容该行所采用的新技术。

数据交换平台重构项目，在不影响现有用户体验的前提下，对原文件传输平台进行了兼容性及信创化改造，通过新的大文件传输调度平台直接提供对原传输任务调度的支持，以集群方式调用原传输任务进行传输。迁移采取逐步替换的方式，前期先将部分调度任务及作业迁移到国产调度平台，与原有的调度平台并行运行，待运行稳定后再全部进行替换。在文件传输方面，国产环境大文件传输平台完全覆盖原有的文件传输平台能力，并且在可靠性等方面有了显著提升。平台的文件传输架构如图 3-14 所示。

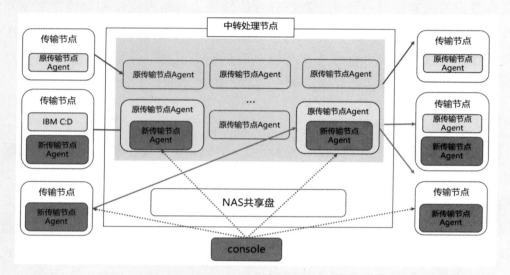

图 3-14 文件传输架构

文件传输平台迁移改造完成后，系统支持全行数十家分行、日均 40 万以上的文件传输，并承接全行 800 多套系统、千级传输节点的海量文件处理及传输任务，通过国产传输中间件解决系列痛点，满足海量、高效的文件交换，批量数据全链路监控，智能化运维等需求；采用的分布式架构具备弹性扩缩容能力，解决了可靠文件传输保障难、准确文件传输保障难、生产环境干扰多、运维复杂等难题。

流程集成

流程集成是应用集成的核心内容，是优化现有企业业务流程架构，打通企业跨系统、跨业务域流程的重要手段。下面主要从技术角度来看流程集成应该关注哪些内容。

1. 关键技术解析

流程视图互通

通过一体化的建模、设计及监控能力，为企业中不同的用户角色提供不同的视图。例如，在流程开发工具中，为流程设计和开发人员提供面向技术的全视角的技术视图，用以进行流程的设计和开发、详细属性的设置等；在 Web 端，以低代码方式为业务流程配置人员提供面向业务的业务配置视图，用以进行流程的调整、流程的业务建模等。两个视图之间实现完全的互通，即一类用户实现流程的建模、设计或调整后，另外一类用户仍可以对流程进行变更，而无须通过模型的转化从一个工具导入另外一个工具。

特色流程管理

基于事件调度单元控制流程调度能力，实现各种灵活的流程流转模型，既包括顺序、分支、并发、循环、嵌套子流程、多路选择、多路归并等各种基本流程模式，还包括条件路由、自由流、回退、激活策略、完成策略、并行会签、串行会签、指派、多实例子流程等多种特殊流程模式，满足不同流程场景下的需求。

任务处理机制

通过多种任务分配、查询和处理机制来满足多任务灵活分配与处理的要求，具体内容包括：

- 在任务分配机制方面：默认基于机构/角色/岗位/人员的多组合方式进行任务分配，通过业务规则指定活动参与者、通过代码逻辑动态计算参与者、通过前驱活动指定参与者等方式来进行任务分配。
- 在任务查询机制方面：与业务无缝结合，用户可以方便地通过业务条件查询待办任务列表，从而大大提高工作流系统和业务系统的集成能力，大幅提升业务操作人员的用户体验。
- 在任务处理机制方面：以任务领取、撤销、退回、条件结束、会签审批等多种操作方式满足多场景需求。
- 在任务代理委托方面：以基于流程定义和实例的代理和委托机制，实现流程任务的灵活分配。

业务可视化的流程建模

流程应用建设所面临的挑战是如何缩短从业务需求到 IT 技术实现的鸿沟，如何降低业务人员和 IT 人员沟通的成本，使得两者能够协同地进行流程的建模与开发，从而降低由此带来的成本，减少由此带来的不一致性。

解决这一问题的方法是由业务分析人员来进行流程的梳理和建模，最好还可以在流程实现之前通过模拟运行来进行流程的验证。基于流程业务化组件工具和完全基于 Web 的业务化流程建模和模拟运行环境，业务分析人员可以主导流程的梳理、建模、调整，无须了解技术概念，也无须技术人员的参与，即可完成业务流程建模，并可以"立即"进行流程的模拟运行验证，快速识别、梳理与优化业务流程。同时，业务管理人员可以在系统运维期间维护业务规则，使业务策略的变更及时体现到 IT 系统当中。

快速扩展与集成

流程平台要推广、深化使用，必须与企业各类业务应用快速打通、融合，通过 REST 服务集成功能，EJB、JMS 等集成控件，方便地实现与各类第三方系统的组织机构、工作日历、规则引擎等快速集成。例如，在流程应用落地过程中，流程平台往往需要使用第三方的组织机构库，甚至需要与多个组织机构库连接，然后在流程建模时屏蔽这几个组织机构库的差别，建立统一的组织模型。在此过程中，流程平台可以提供开放的组织机构接口，与第三方的组织机构模型通过松耦合的方式进行集成。

2. 可靠性方案解析

流程引擎的高可靠性可以保证流程的稳定运行和数据的安全、完整与可用，从而提高企业和组织的管理效率与质量。流程引擎的高可靠性对于企业和组织的正常运营至关重要。流程平台高可靠部署架构如图 3-15 所示。

流程平台高可靠方案主要从以下几个方面进行考虑：

（1）分布式架构：采用分布式架构将工作流引擎的功能模块和任务执行资源分布式部署，避免单点故障。例如，采用主备份模式、集群模式或微服务架构来提高系统的可用性和容错性。

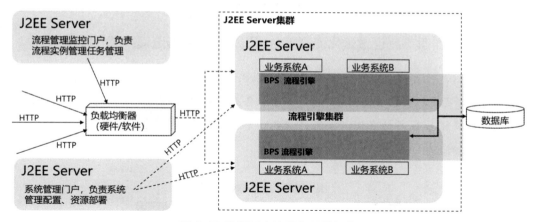

图 3-15 流程平台高可靠部署架构

（2）支持水平扩展：根据实际需求增加任务执行节点或资源，以应对更高的负载和并发需求。通过集群和动态的负载均衡高可用架构，可以将应用端的大并发请求分配到不同的平台服务器节点去处理，当任意一台平台服务器出现异常时，其余节点的平台服务器可以自动实现切换，无单点故障，保证业务不中断。

（3）容灾与备份恢复：通过容灾方案确保工作流引擎在灾难发生时能够快速恢复运行。可以采用数据备份、热备份、异地备份等方式，避免数据丢失和服务中断。定期进行数据备份，并测试恢复流程，以验证备份数据的完整性和可用性。

（4）数据存储与事务一致性：使用可靠的数据存储方案，确保工作流引擎的元数据、执行状态和任务日志等信息能够持久保存。常见的选择包括关系数据库、NoSQL 数据库或分布式文件系统等。实现事务管理机制，保证工作流引擎在执行过程中的原子性、一致性和隔离性。例如，通过使用分布式事务协调器或两阶段提交来确保多个任务的一致性。

（5）异常处理与错误恢复：设计健壮的异常处理机制，能够捕获和识别各种异常情况，例如网络中断、系统故障、任务执行失败等。在发生异常时，工作流引擎应该能够及时记录日志，并采取相应措施，例如自动重试、任务补偿或通知相关人员。实现错误恢复机制，在任务执行失败时能够回滚到之前的状态或重新执行任务，确保工作流的连续性和正确性。

（6）监控与告警：为了实现高可靠性，工作流引擎需要建立完善的监控体系。通过监控关键指标，如系统负载、任务执行状态、资源使用情况等，及时发现和解决潜在的问题，保障系统的稳定运行。同时配备告警系统，实时通知管理员发生的异常情况，以便及时采取措施进行处理。

案例：某电网通过云化流程平台建设来优化业务流程、提升管理

在某电网信息化建设过程中，遵从业务协同要求，建设云化流程平台，按照统一的标准规范，实现跨部门、跨应用、跨企业的业务交互和流程贯穿，通过服务化的方式，统一对外提供具备高标准化、按需供应能力和快速部署能力的流程服务。流程平台逻辑架构如图3-16所示。

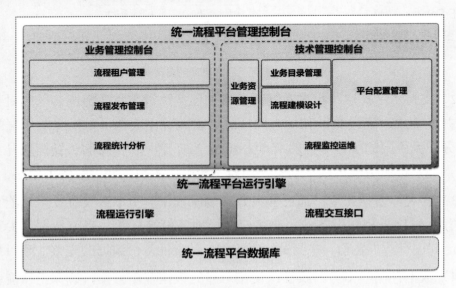

图 3-16 流程平台逻辑架构

通过建立企业级统一流程管理平台，开展统一流程管理、统一流程监控、统一流程治理等运营监控工作，推动业务流程持续优化，实现全网业务的有效运营监控。各业务系统流程的设计、执行、监控、优化调整等操作通过统一流程管理平台进行，从而以流程为轴心实现规范化的管理。

通过吸收成熟商业产品技术，完成云化流程组件的自主可控，按业务发展要求完成部署，提供企业级流程支撑能力，与工会、4A、电网管理（人资域）平台培训模块等系统集成，吸收不同的业务场景，丰富经验和解决方案，形成自有知识产权，为下一阶段深化工作提供坚实的基座。同时通过通用流程复用，提升了流程管控的效率。

流程平台上线后，流程组件分批进行推广，稳定支撑人资域、工会和协同办公等系统，上线 20+ 系统、300+ 业务流程、110 万 + 流程实例、每天 5000+ 流程实例数。

3.4　应用集成迁移规划

应用集成迁移和规划是复杂且关键的任务，需要经过充分的计划和执行过程。通过详细的评估、策略制定、数据迁移、架构设计、测试和培训，可以确保迁移过程平稳进行，新系统能够顺利运行。在整个过程中，与业务团队的紧密合作是至关重要的，可以确保系统满足业务需求。

评估现有集成架构与流程

在开始任何迁移工作之前，对现有的集成架构和流程进行详细的评估至关重要。一般从以下几个方面进行评估。

（1）集成点和接口清单：列出所有的集成点、接口和数据交换方式，了解每个接口所承担的功能和数据流向。例如，涉及订单管理系统与客户关系管理系统的集成，其接口会包括订单创建、订单状态更新等。

（2）数据格式和协议：分析不同系统之间的数据格式和通信协议，考虑是否需要进行数据格式转换或协议适配。仍旧举上面的例子，订单管理系统可能使用 JSON 格式传递订单数据，而供应链管理系统则使用 XML 格式传输数据，从而导致数据格式的不一致。

（3）性能和稳定性：评估现有集成的性能和稳定性，识别可能的瓶颈和问题。例如，银行等金融系统往往需要在高峰期处理大量的交易请求，在这种情况下，需要评估系统的响应时间和负载容量，以保障金融服务的稳定性。

（4）业务流程：理解业务流程中的集成点，确保迁移不会中断关键业务流程。例如，在物流公司的系统中，货物追踪系统需要与仓库管理系统和运输系统集成，以确保货物能够按时送达。

制定迁移策略

根据评估结果，制定合适的迁移策略。这需要通盘考虑技术、业务和风险因素。

（1）逐步迁移与一次性迁移：是采用逐步迁移还是一次性迁移，取决于业务对中断的容忍度和系统的复杂性。

（2）备份与回滚计划：制定备份和回滚计划，以应对迁移过程中可能出现的问题。

（3）资源和时间规划：确定迁移所需的资源，包括人员、时间、工具等，制定详细的迁移时间表。

系统迁移适配重难点

在信创环境下进行应用集成系统的迁移和适配涉及多个关键挑战，需要全面考虑技术、业务和安全等因素。信创环境通常涵盖多样的技术栈和平台，不同部门或业务单元可能使用不同的编程语言、协议和数据格式。在迁移过程中，需要选择合适的集成工具和中间件，以确保能够有效地连接这些异构系统。例如，企业同时使用 Java、Python 和 .NET 等不同的技术栈，就需要在迁移策略中考虑多种技术的整合问题。

信创环境中数据格式的多样性是一个重要的挑战。不同系统之间可能使用不同的数据格式，如 JSON、XML、CSV 等。在迁移中，需要设计灵活的数据转换策略，确保数据能够正确地映射和转换。例如，供应链系统和物流系统可能使用不同的数据格式来描述相同的产品信息，因此在数据转换中需要确保信息的一致性。

数据的安全传输和权限控制也是信创环境下的一项重要任务。在集成过程中，需要确保敏感数据的安全传输和存储，同时为数据访问制定合适的权限策略。在金融行业的应用中，信用卡支付系统与用户账户系统的集成，就需要考虑支付数据的加密传输和用户身份的安全验证等。

同时，分布式和异构系统的特点也给迁移带来了挑战。系统可能分布在不同地理位置，使用不同的架构和技术。在迁移过程中，需要考虑网络延迟、通信故障以及数据一致性等问题。例如，企业的办公地点可能位于不同的地区，需要确保集成系统能够正确处理时间戳和时间同步问题。

总之，在信创环境下进行应用集成系统的迁移和适配，需要综合考虑多个方面的挑战。在解决这些挑战时，紧密合作、深入了解业务需求，并保持技术选型的灵活性，将有助于成功实现集成系统的迁移。通过详细的规划、执行和监控，可以降低迁移风险，确保迁移过程的顺利进行。

重构集成架构

重新设计集成架构是在信创环境下应用集成迁移的核心步骤之一，这涉及将不同系统和技术融合成一个灵活、可扩展的整体。通过重新设计集成架构，可以促进系统的协作，提升性能，并为未来的需求变化做好准备。

在重新设计集成架构时，首要任务是解决异构系统的整合问题。这意味着要将使用不同技术栈和通信协议的系统连接起来，以实现数据的无缝流动。例如，将一个使用 Java 的订单管理系统与一个使用 .NET 的库存管理系统整合，可能需要选择合适的集成工具，比如使用企业服务总线来实现系统之间的通信。

另一个关键方面是设计可扩展的架构，以适应未来的增长和变化。这可能涉及微服务架构、容器化技术和云原生模式等。通过将系统拆分为更小的、自治的部件，可以实现更高的灵活性和可维护性。例如，电子商务平台可以将订单管理、支付处理和用户认证等功能拆分为独立的微服务，每个微服务都可以独立开发、部署和扩展。

此外，重新设计集成架构还需要考虑数据安全和隐私保护。在信创环境下，敏感数据的泄露可能对企业造成严重影响。因此，在架构设计中要考虑数据加密、访问控制和身份认证等安全机制，以确保数据的保密性和完整性。集成架构建设过程如图 3-17 所示。

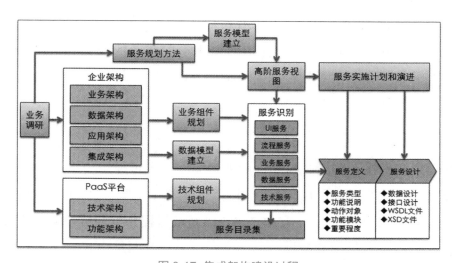

图 3-17 集成架构建设过程

集成架构的重构过程主要分为如下几个阶段：

业务调研和端到端流程分析

服务架构规划的首要工作是对当前业务和 IT 现状进行调研，初始阶段不能过于关注细节，应从端到端业务流程分析入手。例如，对于工程项目建设、供应链、研发生命周期管理、财务概预核决算等方面，从客户提出产品或服务的需求到最终的能力交付，都可以看到存在不少的端到端流程，这些端到端流程是导入服务架构的基础。通过端到端流程梳理，可以看到流程在多个业务部门和单位之间的协同，最终将业务流程协同映射到跨多个业务系统或业务组件间的业务和数据协同。跨系统交互核心流程分析和梳理是识别组件或服务的关键步骤。

由于企业整个服务目录规划前期只会涉及系统间协同和能力开放，因此分析到跨系统的端到端流程已经足够分析和识别有价值的服务。基于自顶向下的思路，不应马上落入某一个业务活动，或者某一个业务系统中的功能细节，而是分而治之，先将业务系统内部处理流程和逻辑看作黑盒，先分析清楚哪些能力是业务系统必须开放出去以实现跨系统流程交互的。

在跨系统流程交互分析中，自然会分析到业务协同和交互过程中传递的业务对象，进一步去分析这些业务对象映射的数据对象。通过单独对数据对象进行分析，可以方便进行单纯的数据架构建模和数据增删改查分析，这对于后续分析和识别数据是相当重要的。

业务和数据架构规划

基于业务和 IT 调研的内容，初步分析和构建当前企业的流程和业务架构、数据架构及应用架构，同时在业务架构中识别和分析相关的业务组件。如何定义业务组件，与分析视角和系统颗粒度密切相关。例如，分析到系统间应用，就可以将最终的业务系统定义为相关的业务组件。

集成架构规划

构建完整的企业业务系统间的集成架构视图，也可理解为当前系统间的详细接口和集成情况。梳理清楚后，系统间的交互接口、交互关系就已基本全部理清了。对于集成架构图的形成，一方面是采用跨系统流程分析和梳理中的接口交互，数据架构增删改查分析中的数据共享和交互；另一方面是由底向上的分析当前系统间已有的历史接口情况，并对接口的业务场景和对应流程进行补充梳理，以形成完整的集成架构视图。

集成架构视图完成后，按照前期分析的端到端流程执行情况，进一步在集成架构视图上进行交互模拟，以确保核心的接口交互和服务没有遗漏。例如，仅跨越两个业务系统的简单业务流程或协同，业务需要进一步考虑清楚，否则会出现较多的集成接口遗漏。

集成架构到服务架构

基于集成架构视图情况，规划和梳理服务目录库，按照服务的分层和分类来重新审视当前的系统间集成和能力共享。下面来看下几类典型服务的进一步服务识别和规划。

- 流程服务：注意端到端流程也是流程服务，但该流程更长，很多对应到最终的流程编排和组合。因此，需要从端到端流程中进一步找寻流程协作片段。这种流程片断最好是完全的自动化业务流，或者有较强的一致性和事务要求，这些都可以识别为流程服务。
- 业务服务：业务服务更多强调的是业务规则类服务，或者强调基于业务功能操作触发的单条数据操作类服务。此类服务体现的是服务调用的实时性，与业务操作场景绑定，与业务逻辑密切相关，或者可以说业务流程中横向实时协同的服务都可以看作业务服务。
- 数据服务：从数据增删改查分析中识别出来的服务，其中既包括了主数据，也包括了共享动态数据。一个服务如果更多是事后非实时的共享数据传递或数据查询，则更多的是数据服务。从这个层面来说业务服务和数据服务本身存在一些较难界定清楚的地方。也有一些划分方法是：单独将主数据和共享数据中心提供出来的分析规划为数据服务，其他全部为业务服务。

服务全部识别清楚后，需进一步对服务进行归并去重，包括服务组合或拆分、服务关键属性的定义等，以方便根据服务类型、服务技术分层、服务提供系统等多个层面来规划完整的服务目录库和服务视图。

3.5 应用集成发展趋势

技术发展创新

随着互联网技术的发展和数字化时代的到来，应用集成的发展呈现智能化、自动化等趋势，为应用集成带来更高效、更可靠和智能化的解决方案。

（1）云原生集成：借助云原生、微服务和容器等新兴技术，实现应用系统的快速部署、弹性伸缩、敏捷交付、高可用等特性，同时利用 API 网关、服务网格等技术，实现应用系统间的安全、高效、智能集成。

（2）低代码 / 无代码集成：低代码 / 无代码集成是指通过可视化编程和组件库等方式快速构建应用程序。这种方式大大降低了开发时间和成本，提高了开发效率。

（3）API 经济：API 经济是指通过开放 API 使不同应用程序和系统之间可以进行数据交换和功能调用。API 经济已经成为应用集成的一个重要趋势，它不仅可以提高业务流程的效率，还可以创造新的商业模式。

（4）人工智能与机器学习驱动的集成：人工智能和机器学习在应用集成中的应用正在逐渐普及。这些技术可以帮助企业自动处理一些烦琐的任务，如数据清洗、格式转换和流程优化等，以提高集成过程的智能化水平。

（5）微服务架构：微服务架构是一种将应用程序拆分为多个小型服务的架构模式。每个服务都运行在独立的进程中，并采用轻量级的通信协议进行通信。微服务架构具有独立性、可扩展性和可维护性等特点，已经成为应用集成的重要技术手段。

（6）事件驱动架构：事件驱动架构是一种以事件为核心的软件架构模式。在事件驱动架构中，各种事件源驱动业务流程的执行。事件驱动架构具有高度灵活性和可扩展性，可以更好地适应不断变化的企业集成需求。

（7）区块链技术应用：区块链技术可以实现数据的安全交换和不可篡改性，为应用集成提供更安全、可靠的技术支持。

（8）集成流程自动化：集成流程自动化是指通过自动化工具和流程引擎等方式，自动化管理和执行集成流程。集成流程自动化可以提高业务流程的效率和可靠性，减少人为错误和延迟。

（9）物联网：物联网是指将各种物理设备、传感器、机器等物品通过互联网连接起来，实现智能化管理和控制的一种技术。在应用集成中，物联网可以为企业提供更加智能和高效的管理方式。例如，将各种传感器数据采集到系统中，实现对环境、安全等状况的实时监测和管理。

技术的发展将为应用集成提供更加智能、高效和安全的管理方式,企业只有紧跟应用集成的发展潮流,才能在竞争激烈的市场中保持竞争力,并实现可持续发展。

市场环境变化

市场竞争、政策环境、应用场景、用户需求等可以对经济和社会发展产生重要影响,企业等组织机构需要紧密关注市场动态,不断进行技术创新和服务升级,以适应市场的变化和满足用户需求。

(1)市场需求:随着数字化转型的深入推进,企业对于应用集成的需求正在日益增长。为了提高业务连续性和敏捷性,企业需要将各种应用程序和数据集成到一个系统中,以实现更好的资源利用和降低成本。此外,消费者的行为和需求也在不断变化,他们期望得到更加便捷、个性化的服务。这种市场需求趋势表明,应用集成市场具有巨大的潜力和机遇。

(2)竞争情况:应用集成市场竞争日趋激烈,各大科技巨头都在积极布局和争夺市场份额。目前市场上的主要竞争者包括专业的应用集成供应商,以及大型云服务提供商等。这些竞争者都拥有各自的优势和特色产品,在服务质量、灵活性和可扩展性方面也存在一定的差异化。

(3)政策环境:国家有关部门为不断推动数字化转型出台了一系列政策,鼓励企业采用最新的技术来提高生产效率和服务质量。例如,国务院印发的《关于深化"互联网＋先进制造业"发展工业互联网的指导意见》就明确提出要"加快工业互联网平台建设""提升大型企业工业互联网创新和应用水平"。这些政策环境为应用集成市场提供了良好的发展机遇。

(4)应用场景:应用集成广泛应用于各个行业和领域,包括制造业、金融、医疗保健、零售等。随着数字化转型的推进,越来越多的企业开始意识到应用集成的重要性,并将它应用于自身的业务场景中,应用集成价值不断得到释放并赋能业务。例如,通过将 ERP、CRM 和物流系统集成,制造企业可以实现生产、销售和物流的全面协同,提高生产效率和降低成本;在金融行业,应用集成可以实现跨部门的数据共享和流程整合,提高了风险管理能力和业务连续性。

（5）用户需求：随着数字化转型的推进，用户对于应用集成的需求将不断增长。用户期望得到更加便捷、个性化的服务，而这种需求的满足需要通过将各种应用程序和数据集成到一个系统中来实现。例如，通过将移动应用、Web 应用和后台系统集成，用户可以随时随地进行业务操作和数据查询，提高了工作效率和用户体验。

综上所述，应用集成在信息技术快速发展的背景下，成为企业和组织在数字化转型中不可或缺的一环。随着市场需求的增加、应用场景的丰富、政策环境的支持和用户需求的不断提升，应用集成将成为企业数字化转型的重要工具和基础设施。我们有理由相信，应用集成将在未来的数字化时代发挥更加重要的作用，并为企业带来更多的商机和竞争优势。

CHAPTER

第 **4** 章

信创环境下云原生架构实践

基于全栈中间件的
信创实践技术与方法

随着信创产业不断发展和数字化转型进程的加速，企业对于可扩展性、弹性和敏捷性等方面的需求日益增加，云原生架构应运而生。通过将应用程序拆分成多个小型的、独立的服务，以及使用容器、微服务、自动化管理等技术，应用程序将更易于构建、部署和管理。

4.1 信创环境下云原生的意义

云原生技术对信息技术应用创新具有重要价值[1]。

首先，云原生技术提升了国内 IT 从业人员的参与度和创新能力。云原生技术的开放性和开源性，使国内科技公司和从业人员都积极参与研发，引进了众多新技术、新思想和新方案，促进了应用场景的开发和创新，促进了新技术的尝试和应用。

其次，云原生技术改变了国内 IT 从业人员的思维方式和创新方式。通过开源项目的影响和参与，使很多人从不了解开源项目到熟悉并贡献自己的智慧，也使众多企业改变着其服务方式和创新方法。

云原生技术为信创提供了新的架构方式和体系化解决方案，基于云原生技术自主构建云原生应用、云原生 PaaS 和云原生操作系统等，形成了云原生架构，满足了企业数字化转型和企业信创要求。

云原生技术促进了信创的融合发展，通过云服务分层策略和标准化的 API 实现融合，为国内企业提供了丰富的数字化场景和深度应用的机会，为信创产业建设提供全新的发展方向和路径，促进了信创产业的融合发展和信创的体系化建设。

云原生架构的演进

云原生解决了如何在敏捷、可复制、可扩展、可观测的基础上，安全可靠地构建和运行应用程序的问题。云原生架构是一种架构思想，往往包括低代码开发、企业敏捷、质量门禁、持续部署、流量灰度等多种软件技术理念。近年来，云原生技术在国内得到了高速发展。

---

[1] 汪照辉 . 云原生技术在信创中的价值和定位分析。

回顾国内的云原生发展历史，主要分成 3 个典型阶段：

（1）云原生 1.0 时代，以云资源建设和整合为核心，主要聚焦在资源池技术、容器技术、应用编排技术等方面，强调不可变基础设施。这个时代企业应用更多是在向容器化、无状态、云上部署等目标演进，尝试通过 CI/CD 自动化技术来提升研发效能。

（2）云原生 2.0 时代，以应用微服务化和治理为核心，这个时代 Spring Cloud、Spring Boot 等云原生技术越来越成熟，应用框架向微服务架构不断拆分改造，伴随 Service Mesh 等治理技术，以及 XOps 等（如 DevOps、GitOps、AIOps）运维技术，越来越多的企业在新应用建设中选择拥抱云原生。

（3）云原生 3.0 时代，以信创要求为前提，以云原生统一支撑平台为核心，为应用持续赋能。这个时代企业已经从云原生应用向云原生平台建设转变，除了常见的微服务、容器云、DevOps 平台三件套外，企业在统一规范、统一工具、统一运行、统一治理方面重点投入，以信创云为试点，推进云原生平台落地。

从高性能、高可用维度考虑，国产信创基础设施离国际领先厂商还有一定差距，需要上层应用架构的配套升级来弥补这些差距。因此，在信创应用层需要紧扣分布式云原生建设思路，将云原生能力与信创基础环境相结合，并作为底层通用能力提供出来，形成应用平台技术的统一管理体系，以平台为支撑，实现最终应用的跨中心、跨区的协同工作，满足信创迁移对于云原生架构的需求。

信创是数字化转型的基础，数字化转型是信创的延伸。随着数字化时代的到来，越来越多的企业通过数字化技术实现业务创新，因此应用数量急剧增加。通过信创应用云原生架构升级传统应用之后，将为企业进一步降低成本、提升效率，并实现快速试错和业务增值，使得企业的业务系统可以及时应对复杂多变的市场环境，具有灵活多变、及时响应、快速迭代、持续创新的能力。同时，统一的信创云原生平台建设思路为应用大规模化升级提供了可能，为更加广泛的信创应用系统迁移奠定了基础。

应用云原生迁移的要点和焦点

1. 应用云原生迁移需要解决的关键问题

应用云原生迁移，本质上是云原生平台的兼容性支撑程度和应用升级改造难度的平衡。从平台视角来看，需要解决下列关键问题。

（1）集群规划：企业通常会在原有的私有云基础上，单独划出信创云的建设区域，作为云原生架构支撑平台，在此过程中，需要在多云建设与管理中形成统一的集群规划。集群规划包括但不限于容量规划、网络规划、机器规划、云服务规划等，在满足企业安全管控要求的前提下，需要最大化地实现多集群技术与管理的一致。以网络规划为例，如何解决多云之间的应用调用、如何解决数据中心双活、如何解决从开发到生产网的流水线打通等，都是平台集群规划的重点。

（2）信创适配：目前业界常用的一些云原生开源技术对信创环境的支持或多或少都存在一定欠缺，所以在云原生平台的选型和扩展中，信创适配是需要重点考虑的因素。由于在芯片、操作系统、服务器、数据库等生态中可选择项较多，因此，为避免风险，基于国产化基座构建的信创云原生平台，应考虑一云多芯场景，按需动态使用异构资源与服务，最大化屏蔽基础硬件和运行环境的差异。

（3）数据搬迁：传统应用的数据大多数存在于关系数据库中。而云原生时代，数据的存储变得更加多样，数据可按业务需要存在关系数据库、文档数据库、键值存储、对象存储、网络存储、缓存等一系列服务中，这就要求平台提供异构数据服务的集成与交换能力。另外，云原生数据搬迁策略也是多样化的，何时交换迁移、增量还是全量、迁移过程中业务如何保障数据的完整性、对外数据端点该如何提供等，都是平台需要周全考虑的。

（4）流量切割：在应用完成改造测试后，可整体切换生产流量到线上云原生集群环境，待线上环境的业务稳定运行一段时间后，再下线原有环境。这种切割方式相对来讲比局部切割要简单很多，建议优选使用。信创云原生环境在实际流量切换时，通常需要配合智能 DNS 切换、并网操作、灰度发布等技术，完成无感知的业务流量切割。

（5）应用监控：在信创云原生环境下，对应用的监控相比传统单体应用要更复杂，除了应用实例本身的资源消耗、调试日志外，如何根据业务流水快速回溯链路，以及根据数据采样发现性能瓶颈，是云原生平台需重点提供的支撑能力。

应用上线后，围绕应用的全方位监控要更加全维度和立体，从基础设施到容器运行、业务调用等监控一应俱全，并可根据阈值设定策略，即时触发报警通知。

2. 应用需要的改造点

有了信创云原生平台支撑作为基础，应用需要的改造点会相对聚焦，主要包括如下四方面。

应用拆分规划

关于应用拆分，首先是参考云原生架构的 12 要素，这是衡量一个服务是否适合搬到云上，给应用云原生升级提供的一些最佳实践。后来 Kevin Hoffman 在 12 要素的基础上增加了 3 个要素（API First、Telemetry、Authentication& Authorization），完善了新一代微服务应用特征。关于 12 要素的相关说明很容易找到，本书中就不再详细阐述。对于一般企业来讲，简单可行的拆分执行原则有服务自治原则、接口隔离原则、前后端分离原则、管理与业务分离原则、垂直划分优先原则、持续演进原则等，具体将在后续章节详细描述。这里要特别说明的是，微服务架构中的"微"并不是说足够小，而应该解释为合适。我们曾经遇到一个企业，用不超过 5 000 行代码作为微服务大小的衡量标准，这显然不可取。有时候因为对业务理解不够深入，或者团队协同磨合不够，很容易造成拆分粒度的不可控。云原生实施最大的难点正在于此，拆分规划是一个磨合过程，也是一个随着团队、业务变更而不断演进的过程。

应用框架适配

云原生应用的框架适配，本质上是一个应用不断解耦的过程。在云原生架构中，强调的是每个服务可以独立迭代，最大化地减少外界影响。一个很简单的例子，今天用 ActiveMQ 作为消息队列，明天要换成 RabbitMQ，代价如何最低，这是很值得考量的问题。当然，解耦本身也会带来工作量的增加，代码抽象变得复杂等。这就是一个业务快速推出和未来发展的平衡问题，随着技术的演进和创新，云原生架构所需要考量的领域必然会越来越多，也需要投入更大的精力。应用框架适配通常包括以下几个方面：

（1）基础服务对接：云原生架构一般会引入两类新的服务：一类是分布式架构的统一支撑服务（如注册中心、配置中心、调度中心、日志中心等），另一类则是分布式应用引擎服务（如日志引擎、异常引擎、分库分表引擎等）。这些都需要应用去对接改造，相比而言，分布式应用支撑服务对接改造比较简单，分布式应用引擎服务的对接难度则要看之前应用设计的好坏。

（2）应用无状态改造：早期在做 Iaas 平台的时候，流行用一个很形象的例子来解释有状态和无状态的差异，即用牲畜来比喻无状态，用宠物来比喻有状态，宠物是需要呵护，不能被轻易替换，而牲畜则容易替代，死掉一个，可以快速用新的来补充。信创环境下，不能将基础设施的可靠性与主机设备等相提并论，所以我们期望应用服务可以做到无状态，可以被轻易地替换。无状态的具体改造工作包括 Session 分布式、去本地存储、去本地缓存、任务幂等设计等。

（3）去触发器、存储过程：虽然触发器、存储过程这些并不像有状态服务那样对云原生延展影响很大，但是随着业务的快速发展，以及受制于信创基础设施的瓶颈制约，数据库端的压力往往造成了系统整体可用性的下降，所以分库分表、读写分离等技术的引入就变得尤为重要。触发器、存储过程这些技术，在系统规模比较小的时候的确简单实用，但随着新技术的引入，这类传统方案将衍生诸多问题，整体的伸缩受到数据库的限制，当存在水平分表需求的时候，触发器、存储过程难以扩展，规模化后运维复杂度也随之升高。

打包方式适配

所谓云原生打包方式适配，并不只是输出一个 FatJar 制品，这里面涉及配置怎么放、启停脚本怎么放、打包脚本怎么放、数据脚本怎么放，甚至前后端资源怎么放等问题。在我们团队内部，制定了一套工程流水线模板，通过代码与脚本模板，最终保障了打包成果的统一。云原生应用的打包与信创环境也存在一定关系，比如容器镜像与芯片架构的适配，部分云原生容器平台对镜像有特定要求，所以在打包引擎的选择上，要充分考虑平台无关性或工具兼容性。

接入接出变更

应用走向云原生架构后，应用间的网络交互会变得更加频繁，传统模式下企业通常引入 ESB 进行应用间协议调用或报文转换，云原生应用之间则一般通过网关或 RestTemplate 直接调用，这也要求云原生平台需提供高效的服务注册发现能力，支撑服务调用的快速查找。另外，考虑到服务熔断、降级、限流等需求，在接入接出能力上，要求能细粒度到具体接口层面。当然，业界现在也有从框架层来解决接入接出问题，让应用本身在开发时基本做到无感知的方式，如 Service Mesh 设计、字节码注入设计等。不管怎样，接入接出是应用云原生过程中的重要一环，也是后续应用治理的一大重点。

越复杂多变的系统，面临的挑战越大

有人说从 SOA 到微服务，再到中台的架构发展，是一门妥协的艺术。理论上越是优秀的架构，面临的挑战也会越大，往往会遇到来自组织、领域、技术、文化的各类问题。随着云原生技术的兴起，系统的弹性边界被视为最优先考虑的要素，也最终决定了是否能够充分发挥云原生平台的全部能力。越是复杂多变的系统，就更需要新方法来弥补以前业务模型的不足，以满足新的云原生化的需要。因此，在云原生时代，我们需要将弹性作为首要考虑的因素，弹性边界则变成系统内外部划分的重要依据。企业里越复杂的系统，边界的划分界定越难，需要统筹规划，多维考量。复杂系统的领域建模是极具挑战的，由于企业业务千差万别，应用系统的发展历程也不一样，尤其一些遗留单体系统在升级改造时，会面临未知领域的业务建模和系统设计。我们可以通过 DDD 领域建模方法，对复杂系统层层分解，通过用例分析、场景分析和用户旅程分析等配套方法，梳理产生这些行为的多级领域对象以及对象关系，为系统拆分提供参考依据。

另一个不可忽视的力量则是组织，如康威定律[1]所述："设计系统的架构受制于产生这些设计的组织的沟通结构"。组织结构决定了团队内部的沟通情况，间接影响着大型系统的云架构升级。信创背景下，企业云原生架构转型很容易走形，因为从系统建设组织上，往往会面临着多头领导，例如很多企业既保留原有业务线，又独立成立信创业务线或数字化转型部门。云原生业务架构的目标是企业级能力规划，希望能够突破壁垒、形成合力。反过来说，组织结构对业务架构设计的反作用力也会很大，如果复杂系统的业务架构与组织结构无法匹配，落地就会困难重重。复杂多变的系统在云原生架构升级时，最好的模式肯定是高层支持加上强能力者来主导（甚至一些企业会成立一级虚拟组织来承接这项工作），各部门成员以合作伙伴的方式参与到云原生建设中，在大型项目群里搭建起敏捷协同模式，提升整体效能，才能让复杂多变系统的云原生建设减少瓶颈，顺利推进。

---

[1] Conway·Melvin E. How do Committees Invent?. Datamation, April 1968, 14 (5):28–31

4.2 云原生架构设计与选型建议

云原生架构发展至今，从设计方法和技术选型上已趋于收敛。但是，我们也发现一些问题，尤其在信创背景下，企业在统筹规划、标准建设上的投入不足，导致云原生建设过程中没有分清轻重缓急，过多关注具体运行技术，最终导致推行效果欠佳。设计软件架构其实类似于设计建筑架构，就像建筑需要有严谨的力学基础作为基座，才能在上层建筑中有更开放的选择。软件架构的设计相对来讲可能不像建筑那么精确，但设计与选型也是一门"不断妥协的艺术"，尤其在信创背景下，云原生架构设计与选型更需要考虑选择可替代性和可管理性，在现有组织、团队能力、系统现状中找到最合适的模式。

统筹规划

云原生架构设计中，以下原则在架构中经常被提起，遵循这些原则能够让企业少走很多弯路。

（1）持续演进：云原生转型无法一蹴而就，尤其在微服务数量快速增长时，会带来架构复杂度的急剧升高，开发、测试、运维等环节很难快速适应，甚至导致系统的故障率大幅增加。因此，非必要情况下，企业应逐步划分，避免微服务数量的爆炸性增长。我们看到一些银行或保险的核心系统向云原生架构升级时，通常会优先拿出几个经典模块独立成服务，并配套蓝绿、灰度等策略，以减少业务影响范围。

（2）垂直划分优先于水平划分：这个原则业界存在一定的争论，一部分观点会认为垂直拆分更优，因为按领域模块的拆分模式，会降低微服务之间的调用数量，减少网络消耗，进而提升性能；另一部分观点则认为水平拆分更优，通过前端接入中台、后台的组合，与技术团队形成匹配，越往下层越追求稳定。从我们的实践来看，前者会更容易被执行，垂直划分可以让对应的团队从上至下关注整体业务端到端的实现和演进，在遇到聚合场景时，亦可通过 API Gateway、微前端等技术来做内容聚合。

（3）服务自治、接口隔离：信创云原生架构设计中，无论是芯片、操作系统、应用之间，还是微服务与微服务之间，要尽量消除强依赖关系，进而降低沟通成本，提升服务的稳定性。微服务之间通过标准的接口隔离，内部则要隐藏具体实现细节，才能保障各个微服务能够独立开发、测试、部署、运行。在一些客户实践中，我们甚至看到有些服务会去访问其他服务的数据库，这显然是不可取的做法。总之，接口应该作为微服务唯一对外提供的访问方式，只有这样各个微服务才能保障自身的控制力。

（4）云资源动态管理调度：当下企业云基础设施的建设都在向混合模式发展，云原生资源管理调度的代表技术包括容器、服务网格等，这些技术能够让上层服务建设更解耦，给业务系统带来透明的基础设施适配。Kubernetes 容器编排技术已成为下一代云操作系统基础设施标准，它承载了云原生时代统一资源调度的目标，通过统一资源调度，可以有效提升资源利用率，极大节省资源成本。服务网格技术则在治理层面逐步成为云原生架构的优秀方案之一，通过将RPC、DB、消息、缓存访问等基础能力下沉，统一平面流量控制，减轻业务负担。

除了上述常见的基本原则外，云原生的规划范围往往会非常广泛。云原生计算基金会（CNCF）曾经给过一个很好的定义，将云原生的概念概括为"让应用更有弹性、容错性、观测性的基础技术，让应用更容易部署、管理的基础软件，让应用更容易编写、编排的运行框架"，希望能够让开发者充分地利用云上的一切资源、产品和交付能力。在我们服务的用户中，很多 IT 负责人都希望供应商的软件能够符合一定标准，包括应用架构、数据库等依赖选型、部署方式、交付方式、可观测性接入等，所以会提供相关的标准平台或技术统筹，然后要求供应商的产品或系统能够适配。例如，应用程序可以部署至 Kubernetes 做统一调度，应用程序可以接入 Prometheus 做统一监控，日志格式可以接入 ELK 做统一分析，应用代码可以通过 Sonar 做统一扫描等，这些都可以视为统一的云原生架构规划，不能将这些标准要求下放到各个项目里去制定。

统一治理

应用治理是云原生进行到一定程度之后的必经之路，也是在分布式基础架构之上构建的更高级特性。云原生治理通常包括系统管理、应用管理、配置管理、日志查看、服务监控、网关管理、任务调度等一系列功能，负责对云原生应用进行全生命周期的管控与度量分析。治理的最终目标是全方位透视，通过运行拓扑、交易链路、流量分析等手段，发现系统问题与潜在风险，通过配置更新、策略调整、熔断限流、资源调配等手段，不断优化系统的整体运行。

从企业自有特征出发，在云原生的治理设计中，会有不少差异化抉择。用部署架构举例，在一家能源企业的云原生实施过程中，企业是典型的总部+二级公司的组织结构，业务上总部和二级公司交互颇多，二级公司之间的直接交互则非常少，所以企业最终选择了一套治理门户，管理总部和分公司的所有应用，在总部和分公司的各个域中独立部署注册中心、配置中心、断路器等基础云原生服务，相互隔离，降低影响。而在另一家保险企业，采用的是集中式IT管理，同城双中心，所以最终部署模式采用了一套治理门户，管理两个数据中心域，数据中心完全对等部署管理，云原生服务则跨中心形成统一集群，保障可靠性，业务流量则支持同一数据中心的亲和性配置。

云原生统一治理涉及几个关键服务的技术选型，当然不同企业的考量标准存在差异，这里更多推荐的是我们在实施中常用的服务。

微服务调用框架

解决微服务之间的分布式调用问题，常见的有Dubbo、Spring Cloud、GRPC等。就目前生态完整性来讲，建议使用Spring Cloud，通过Ribbon、Feign等生态技术，可以让用户做到相对无感知的HTTP调用。如果客户的业务场景偏物联网，则最好选择是GRPC、MQ等技术。

注册中心

解决服务间调用寻址问题，注册中心存储了所有服务的元信息，是服务治理中最重要的信息查询目录，通过注册中心可实现微服务健康探测、上线下线、实例分组等场景。注册中心主要有3种角色：

- 服务提供者：在启动时，向注册中心注册自身服务，并定期发送心跳汇报存活状态。
- 服务消费者：向注册中心订阅服务，把服务节点列表缓存在本地内存中。
- 服务注册中心：用于保存注册信息，提供注册列表，当发生信息变化时，需同步变更，进而让消费者刷新本地缓存。

目前业界常见的注册中心包括Eureka、Nacos、Consul、Zookeeper、Etcd。

我们在云原生项目实施中，主要采用的是 Nacos，除了看重其基础能力（如健康检查、Spring Cloud 集成、安全控制等）外，还有以下几点原因：

- CAP 理论：对于注册中心来讲，我们认为可用性高于一致性，即使某服务列表出现一定偏差，也不应该影响整体调用，所以选择 Eureka 或 Nacos。
- 多数据中心：之前的客户并没有特别在意这个特性，云计算发展到如今，同城双活、多云管理已经变得越来越普遍，所以跨数据中心部署也变得越来越迫切，因此选择 Nacos 或 Consul。
- 多框架适配：无论 Spring Cloud 体系还是 Dubbo 体系，多框架适配都是不可忽略的技术，尤其一些客户使用了混合技术。Nacos 同时支持两者，是一个很好的设计方式。
- 自主掌控：从语言以及背后厂商来看，Java 仍旧是很多企业的首选，Nacos 由阿里开源，也是信创背景下的一个重要考量点。

配置中心

传统配置方式中，要想修改某个配置，一般都是由运维方修改后重新发布应用。想实现动态性，则会选择使用数据库（如业务字典、产品参数等），然后通过消息通知或定时轮询来感知配置变化。云原生架构下，配置和程序拥有同样的生命周期管理，同时随着服务的增多，以单纯的配置修改引起程序重新发布，甚至上游服务的变化，代价则太大了。因此，通过配置中心，解决配置权限管控、灰度发布、版本管理、动态生效等特性，是分布式微服务架构中不可缺少的一环。目前业界常见的配置中心包括 Apollo、Nacos、Spring Cloud Config，我们仍然推荐 Nacos，除了和注册中心选型一致，少了一个独立服务资源部署外，主要考量点如下：

- 多环境、多集群：三者都支持多环境，不过 Spring Cloud Config 使用的是 Git 上配置多个 Profile 的模式，部署相对复杂。在多集群方面 Apollo 考虑相对完善，一个控制台可以管理多个集群，其他两者也都能通过域名切换或多 Git 库来支持。
- 实时配置推送：Spring Cloud Config 原生不支持配置的实时推送，需要依赖 Git 的 WebHook、Spring Cloud Bus，相对比较复杂，Apollo 和 Nacos 则采用 HTTP 长轮训模式，相对高效。
- 读写性能：从目前的测试效果来看，Nacos 会高出不少，大规模集群部署下，这一点尤为重要。
- 版本发布回退：不考虑部署架构，这个特性反而 Spring Cloud Config 支持会更简单一些，因为它借助了 Git 本身的版本管理能力。其他两者也都能支持。

API 网关

单体应用程序中，客户端向后端发起一次调用来获取数据，通过负载均衡器可以将请求路由给 N 个对等程序实例中的一个。但在云原生微服务架构下，一个单体应用被拆分成多个微服务，如果遵循原有模式，则需要将所有的微服务部署节点对客户端暴露，势必会出现安全方面的各种问题。另外，不仅仅是系统的前后端之间，系统之间的调用也会面临类似的问题。引入 API 网关，重点解决请求路由、负载均衡、弹性伸缩、安全控制等问题，同时作为服务的统一入口端点，在高性能高可用方面尤为重要。网关选型方面，我们经历了一个比较漫长的验证过程，基本上业界常用的网关我们都在某个周期中重点使用过，包括 OpenResty、Kong、Zuul、Spring Cloud Gateway，目前我们推荐 Spring Cloud Gateway，但从精细化治理的角度，也需要在其上做一些扩展支持。

- OpenResty、Kong：这两个框架技术同源，能力也相对比较一致，是一个云原生、可扩展的分布式 API 网关，基于 Nginx+Lua 的模式提供插件扩展机制，在 API 请求响应循环的生命周期中被执行。

- Zuul：Zuul 是 Netflix 提供的一个边缘服务应用程序，支持动态路由、监视、弹性和安全性。Zuul 提供了一个动态读取、编译和运行这些过滤器的框架，相比 Zuul 1.0 版本，Zuul 2.0 用 Netty 替换了 Servlet，用 Netty Client 替换了 Http Client，进而支持异步机制，提升了交换性能。

- Spring Cloud Gateway：作为 Spring Cloud 生态中自带的网关，为了提升网关的性能，Spring Cloud Gateway 是基于 WebFlux 框架实现的（内部也是 Netty）。相比 Zuul，其扩展性更强，支持常规鉴权和监控，与 Spring Cloud 生态结合更紧密。

故障隔离

当服务数量增多、业务频繁交付的时候，出现故障的可能性也会大幅上升，需要通过全面的监控发现故障，及时处理并发出报警。当生产环境出现问题的时候，最好的方式是对故障进行分级，缩小影响范围，将故障完全控制在服务内部。分布式环境下，实现服务降级是很难的，因为应用互相调用，开发者需要实现对应的若干错误处理逻辑，以此来应对未知的故障或中断。在云原生架构下，要监测故障并降低影响，通常要做到如下几点：

- **故障探测**：提供可持续的监测能力，针对单个实例故障进行测试，能够将有问题的实例快速隔离出去。这里面通常会和注册中心打交道，通过将有问题的实例优雅下线（从实例列表中逐出），实现无感知的隔离。

- **变更管理**：运维和开发最大的冲突就是变更。运维不希望变更，而云原生架构下开发在持续变更。解决这类冲突，一个比较好的方式就是快速备份与回滚，尤其微服务之间互相依赖，为了应对变更带来的问题，必须实施变更策略管理并且实现自动回滚。

- **重试**：在网络不好、缓存失败等情况下，对数据的操作往往会超时或失败，在这种情况下，可以选择重试操作，或通过负载均衡将请求发送到对等的健康实例上。不过要小心地为客户端添加重试逻辑，通常在云原生架构中，治理平台会提供重试策略配置，包括重试目标以及次数等。由于重试是由客户端发起，因此要做到尽量让客户端无感知使用，同时服务端也需要充分考虑幂等和防重处理。

- **断路器**：云原生架构下，通常使用断路器来保护资源，同时断路器还承担恢复作用。分布式架构下，重复故障可能会导致雪球效应，最终导致整个系统崩溃。当在短时间内多次发生指定类型的错误时，断路器则会开启，在服务逐步恢复后，断路器通常会自动关闭。Hystrix、Sentinel 是目前业界用得较多的断路器框架，能力上也比较类似，可配套生态技术进行选择。

- **壁舱**：壁舱和断路器有一些类似。舱壁模式是为了保护有限的资源不被用尽，其核心理念是将资源划分成几个部分。例如和关系数据库的通信，针对不同的业务模块，可以使用不同连接池，而不是共享连接池，将客户端和资源分离，即使某些业务过度使用资源池，也不会让所有其他操作不可用。

- **自我修复**：自我修复是指应用遇到问题后，通过相关策略或动作，实现自我修复。自我修复的前提是监控，最常用的模式就是服务重启，随着故障处理知识的持续积累，慢慢会延伸出其他的自我修复模式，通过为应用添加额外的逻辑处理脚本，形成更高阶的保护。

可视化追踪

部署与运维的成本会随着服务的增多呈指数级增长，每个服务都需要资源监控、服务监控、日志分析等运维管理工作，带来的人工成本也会显著提升。因此，云原生平台需重点考虑如何简化服务在创建、开发、测试、部署、运维上的重复性工作，通过工具实现更可靠的操作。使用自动化工具可以从多个方面节省时间、提升效率，快速跟踪整个交付过程。一般来说底层资源的可观测是由相关云平台供应商来提供的，上层则由云原生平台来实现，同时需做到与底层资源的点线面关联，实现更准确的分析。

APM（应用性能监控）

APM 用于帮助企业确保其关键应用能够满足性能、可用性等既定预期。APM 会测量应用性能，提供对性能问题原因的可见性，并自动解决许多性能问题以免影响最终业务。APM 在云原生架构领域非常重要，因为分布式架构让资源的性能监测更加复杂，唯有通过链路上的采样和信息聚合，才能实现对应用程序性能管理和故障管理的系统化的解决方案。随着分布式系统的应用和快速发展，由 APM 建设衍生了一些事实标准（如 Opentracing、Opentelemetry），通过对关键业务应用进行监测、优化，最终提高企业应用质量。APM 需要对 IT 系统各个层面进行集中性能监控，并对有可能出现的性能问题进行准确分析和处理。APM 解决方案通常提供一个控制器和集中仪表板，用于汇总、分析收集的性能指标，并与确定的基线进行比较。

当下有很多商业厂商提供 APM 产品，建立从基础设施到应用程序的全方位监控系统，在开源生态里也有 Pinpoint、Skywalking、Zipkin 等框架。目前我们实施中常用的是 Skywalking，除了信创背景外，原因有以下几点：

- Skywalking 是一个开源 APM 系统，天生为云原生架构系统设计，通过探针手段自动收集所需的指标，并进行分布式追踪，通过这些调用链路以及指标的计算，自动呈现应用和服务间的调用关系，最终进行相应的指标统计分析。
- 考虑到国内常用的一些分布式调用技术，必须重点考虑 APM 框架选择的兼容性要求。SkyWalking 能够支持 Dubbo、gRPC、SOFARPC 等，开发者可以通过插件扩展支持更多组件无缝接入 SkyWalking。
- 目前 SkyWalking 支持 Java、.Net、Node.js 等多语言的探针，数据存储支持 MySQL、ElasticSearch 等。SkyWalking 与 Pinpoint 相同，探针采用字节码增强技术实现，对业务代码无侵入。相较于 Pinpoint 来说，SkyWalking 的采集指标粒度略粗，但性能表现更优秀。

日志中心

日志中心是分布式系统的一大支撑服务。日志作为可观测性的重要组成部分，在运维、监控、审计等过程中起着非常重要的作用。12 要素中曾经提到："日志使得应用程序运行的动作变得透明，应用本身从不考虑存储自己的输出流。不应该试图去写或者管理日志文件。每一个运行的进程都会直接输出到标准输出。每个进程的输出流由运行环境截获，并将其他输出流整理在一起，然后一并发送给一个或多个最终的处理程序。"这段话虽然有一些晦涩，但不难看出其推崇的是一种标准输出后统一管理的模式，当然这里面提到的日志文件存储问题，在很多架构里还是可以在本地落地，进而通过收集来完成流输出的。

日志中心的开源生态中，ELK 组合最具影响力。我们在项目实施时，主要采用的是 Filebeat+Kafka+Logstash+ElasticSearch 技术组合：Filebeat 的 Go 语言特性跟容器结合更紧密，同时测试下来资源消耗较低；Kafka 则是公认的日志缓冲框架；Logstash 在日志格式转换上拥有一定的优势；ElasticSearch 是最火的日志存储、索引、检索服务。为应对可视化跟踪，除了应用内部日志外，更重要的是跨多应用的交易链路日志。在设计这类链路日志时，有两个要点需要关注：一个是流水号的产生（最好和交易号一致或可转换），另一个则是日志字节数的控制（高并发下产生的链路日志会非常多，哪怕一定字节的压缩都会有显著的效果）。

当然，在日志中心的建设中，还要考虑到多租户、多环境等问题，并对海量日志的存储、转历史等运维有所保障。云原生架构下，还需要与容器技术相结合，如 DeamonSet、Sidecar 等部署模式，日志中心还需要沉淀全方位的可观测性、快速排除故障、实时异常预警等能力，帮助企业在云原生架构下降低资源消耗，提升维护效率。

Prometheus

Prometheus 是当前十分流行的一个项目，在 CNCF 中的地位仅次于 Kubernetes，毫不夸张地说，Prometheus 已经成为云原生领域监控的事实标准。它与 Grafana 等框架的结合也非常容易。监控作为可观察性实践中的关键一环，相较以往的系统监控，在信创云原生架构下要求更高。信创基础设施、微服务、容器等技术的引入，导致监控对象和指标呈指数级增加，监控对象的生命周期有时会变得更加短暂，使得监控数据量和复杂度也大幅增加。Prometheus 可以很方便地与众多开源项目集成，帮助我们了解系统和服务的运行状态，通过分析其收集的大量数据，可以帮助企业进行系统优化决策。Prometheus 的设计架构非常注重扩展性，其时序库的特性可以更友好地关注系统的运行瞬时状态以及趋势。Prometheus 还支持告警管理和 PromQL 查询语言，易于企业进行平台集成。

能力开放

云原生时代，一切皆服务，企业全连接。通常企业级能力开放包括实现数据开放、服务开放、应用开放等功能。企业要做到能力开放，通常会建立如下能力作为支撑。

提供统一开放门户

在统一门户的基础上，提供开发者、消费者、运营者不同功能视图，帮助企业方便地提供和使用企业能力。统一开放门户需要提供账号管理、接入管理、数据管理、服务管理、应用管理、运维管控等功能，支撑运营者对能力开放体系进行全流程的运营管理，支撑消费者申请开通流程和使用服务指南。

数据开放

在数据安全脱敏、数据不出平台的基础上，通过数据沙箱为开发者分配平台资源，提供数据开发演练环境，通过数据资源为开发者提供数据访问能力，通过提供模型设计、程序开发、任务调度等在线开发配置能力，支持开发者基于企业可开放数据进行数据建模开发，最终以数据服务的方式提供能力。

服务开放

构建服务接入、编排、融合等服务开放管控能力，支持开发者将自服务通过平台开放给其他人调用。对于服务开放来讲，要注重限流、计量等一系列支撑能力的建设，服务开放引擎需对内部服务安全形成有效保障。通常企业会基于 API 网关来进行对外的必要扩展，进而实现面向外网的服务开放能力。

应用开放

以应用为中心的云趋势现在是显而易见的，类似应用商店的能力建设，支持应用的构建、发布、订购、升级、上下架和取消订阅等全生命周期各个环节的规范化管理。现在很多开放平台甚至会结合低代码能力，为应用开发构建提供相关支撑能力，形成应用生态的统一标准建设，提升云原生趋势下的微应用共享建设能力。

案例：某大型央企基于微服务架构的应用敏捷开发交付平台

这是一家具备综合性产业版块的大型央企集团。为了应对数字化转型的挑战，集团明确提出"总部搭台、基层唱戏"的发展构架，采取"1+N"的建设模式，开展集团统一共享服务平台建设及多个试点产业深化应用建设工作。

集团在册应用系统百余套，分/子公司推广应用系统数十套，下属企业建设应用近百套。在十二五期间，应用系统建设总投资以及运维总费用均超过亿元。在这样庞大的应用建设规模之下，一些问题逐渐显现：独立访问入口，用户需多次登录；技术路线不统一，信息孤岛严重；运维困难，运维成本高；重复建设，开发周期长；软件架构相互封闭，不同公司间难以协同；海量数据，亟待挖掘。

通过引入业务应用敏捷开发交付平台以及云原生架构体系，集团有效解决了信息化建设过程中存在的标准不一、运维低效、重复建设、信息孤岛、安全性低等问题，集团各所属单位可共享应用开发资源，进而提升业务应用质量、降低业务投资成本、提高应用开发效率。集团云原生体系总体框架如图4-1所示。

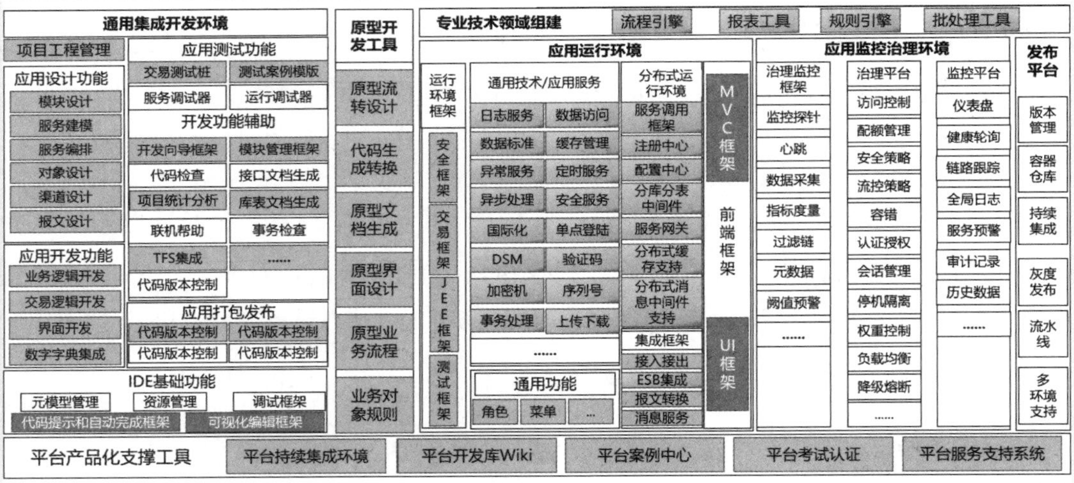

图 4-1 集团云原生体系总体框架

平台建成后，应用的开发模型也发生改变。

1）传统模式下

- 用户体验：多应用独立、体验不一致、上线周期太长、需求变更响应慢。
- 建设管控者体验：上线周期太长、工期不可控、投入难评估/掌控、需求变更响应慢、架构/规范/积累不统一。

2）新模式下

- 用户体验：多应用能力共享、统一门户、需求响应快。
- 建设管控者体验：微服务快速迭代更新、工期按功能点拆分可控、统一架构和标准、知识库积累。

应用敏捷开发交付平台提供应用开发的可视化与组件化、统一的开发框架与标准、统一的微服务技术架构等能力，让开发人员快速上手，让项目更有效地分工开展，极大地提升了开发效率，如图 4-2 所示。

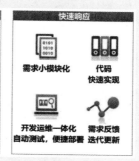

图 4-2　提高效率、降低成本与快速响应

平台上线后，经过半年时间的推广运营，最终带来显著的经济价值：

减少开发周期：缩短软件开发周期 30% 以上，一期项目即节省人力成本超过百万元。

减少运维成本：统一标准化部署，降低生产运行环境的运维复杂度，降低运维成本。

创造效益：预期可至少提供 20 个工业 APP／年，累计创造营业额超 200 万元。实现商业化销售，预期年销售软件 4 套，累计销售额达到 200 万元。实现应用商店和运营中心，提供增值服务。

4.3　敏捷研发平台支撑与协同

随着企业业务的快速发展和云原生架构的不断升级，IT 系统和服务数量不断增多，新兴互联网分布式架构的软件产品不断引进，软件系统迭代研发工作比重逐渐增大，开发需求的变更更加频繁。在信创大规模适配改造的背景下，部分系统架构过于庞大和复杂，系统敏捷转型诉求随之越来越迫切，从而使得项目需求和迭代管理、代码分支管理、代码质量管理、测试和生产环境的运维管理等难度明显上升，并且工作中会带来大量重复性、易错的人力劳动。为了提高项目建设的效率、质量、安全性和技术水平，缩短项目建设周期，降低项目建设成本，企业需要建设一套工具链及管理办法，覆盖从需求到部署上线的软件生产全生命周期，并针对线上的问题实现反馈回环。

敏捷管理

敏捷管理的本质是一种理念，并基于这种理念进行不断实践，在不确定环境中取得项目成功，同时将这些实践总结提炼为团队稳定的解决方案。敏捷的理念被总结成了敏捷宣言和十二原则，但是敏捷本身存在较多分支，常见管理框架有以下几种：

- Scrum：这是目前使用最广泛的一个分支，以迭代增量化过程管理为核心，规定项目角色，通过制定定时迭代（Sprint）来管理开发过程。Scrum 中包含很多工具集，强调发布产品的重要性高于一切。
- Kanban：看板管理强调将工作视觉化，相对于 Scrum 会简单一些，通常只是作为开发流程的管理工具，强调持续集成，不太约束开发周期，在任何时候可添加或修改任务。
- XP：计划在很多时候都会发生变化，所以太多的计划反而导致约束太多，XP 的理念是在软件开发初期尽量少去做太多文档，提倡测试先行，测试驱动开发，提升后续质量。
- FDD：特性驱动开发是指模型驱动的快速迭代开发过程，执行领域走查，同时要建立一个全面的领域对象模型，以便特征小组对每一组特征产生更好的设计。

除此之外，还有很多不同的敏捷框架，相对来讲使用它们的人群比例较小，如 Lean、ASD、DSDM 等。

云原生背景下，很多企业的项目管理从瀑布逐步走向敏捷，一些新的敏捷模式（将瀑布中的计划、里程碑等与 Scrum 敏捷中的冲刺、迭代结合使用，同时借鉴 Kanban 敏捷进行可视化管理）不断涌现。企业在创建敏捷管理体系时，要考虑自身的敏捷模式特质，围绕计划、冲刺、里程碑、版本、工作项流程、工作项页面等核心概念建立扩展支持，根据自身需要自定义配置敏捷管理模式。考虑到系统内多个微服务的可独立迭代交付，在各自的工作项管理、流转控制和依赖制约上要注意可动态调配，形成敏捷合力。

经过多年的敏捷实践，我们总结了以下的一些实践经验。

（1）敏捷团队配置：为每个团队提供一组敏捷工具来规划和跟踪工作，如果有多个开发团队，建议为每个功能团队建立分组定义，保障每个团队既可以相互协作，又可以自主工作。每个团队要围绕价值流来交付，形成多团队所负责信息的汇总视角。

（2）计划与迭代配置：计划主要用于整体排期，包含子计划、里程碑等重要事项的定义；迭代则是组织具体的需求、任务等，最终在计划中关联展示。迭代的节奏一般在两周到六周，太长则会失去敏捷的意义，太短则对于企业来讲难度太高。我们也尝试过一周迭代的项目，但这种项目更偏向于小修小补，每一次发版都要经历提测流程、上线流程、上下游依赖解决等环节，要付出很大的代价。

（3）工作项配置：不同的项目可以使用不同的工作项方案，工作项需进行变更跟踪，工作项之间提供关联管理，可自定义工作项类型，设计工作项对应的新建、编辑、状态变更界面，设计工作项的状态流转关系、前后置处理规则。对于积压的工作项，也要尽量描述详细，最好能做到随时拆解或分配，注意控制积压的工作量，合理地将产品积压分配到各个计划或迭代中。

（4）查询和筛选：不同的人有不同的查询筛选需求，应建立默认过滤器、项目过滤器、自定义私有过滤器等多种筛选组件，通过函数能力实现高级过滤、汇总、同比环比等场景，通过看板的配置形成不同的分类展示模式。例如，项目经理关注每个团队成员所负责的待办（按人员分泳道），开发经理关注自己所负责核心模块里的进度（按模块分泳道），测试人员关注严重 BUG 状态（按状态和优先级分泳道）等。

（5）流程改进优化：敏捷方法的核心是持续改进。若要改进优化流程，则需要有共享目标和共享计划的支撑。通过记录改进目标并定期检查，配套团队仪表板等工具进行工作跟踪，在每次冲刺计划会议上，要确定与流程改进相关的至少一个冲刺目标，在执行过程中定期回顾，确保改进顺利进行。

（6）实行大规模敏捷：在很多大型企业中，项目经理通常需要管理一个项目组合，这些项目通常由多个团队开发。因此，敏捷管理体系需要支撑多团队层次结构，项目经理可随时了解每个团队的迭代情况，通过交付计划，可跨多个迭代查看多个团队正在开发的功能，按所选团队的迭代路径显示计划中的工作项。

代码管理

云原生架构下，企业一般会将一个系统分拆成多个代码库，每个库对应一个微服务，便于独立迭代管理。代码管理需提供对 GitLab、GitHub、SVN、

Bitbucket 等常用代码库的通用管理能力，比如支持分支与标签管理、代码分支差异对比、代码合并、CodeReview 等。同时，可以对代码库进行持续监测，规范代码提交信息，及时发现代码质量问题，保障代码质量。微服务要求版本快速迭代，传统架构要求版本尽量稳定，同时还存在多版本并行开发场景等，所以代码管理中，更重要的是为不同研发模式提供代码 Flow 的标准与推荐策略。

1. 代码分支策略

代码分支策略让团队遵循统一的规则执行功能进行代码开发、问题修复、分支合并、版本迭代等操作。在不同的项目中，根据管理要求，往往会选择不同的分支策略。当然，一个企业也不能提供太多的可选项，通常 2~3 种就足够覆盖企业的项目模式。业界常说的代码分支主要分为四类（其他分类基本都是这四类的优化或改进）：

- 第一类是主干开发分支发布，即 TBD 策略，谷歌、Facebook 都在使用这种模式。
- 第二类是分支开发主干发布，GitHub 上的一些项目使用这种模式。
- 第三类是 Git-flow 模式，特性分支开发，独立发布分支，同时提供热修复分支等。
- 第四类是 GitLab-flow 模式，它和 GitHub 模式有些类似，分支开发后合并到主干，区别在于会考虑多环境部署因素，会增加预发、生产等常驻分支，也可以从 master 创建 release 发布分支。

不同的代码分支策略的产生，一方面是因为不同的代码管理工具的历史演进不同（比如 SVN 基本上就是拉分支做事情），另一方面则是因为不同企业系统发布的稳定性管理诉求存在差异。我们来看一个实例，如图 4-3 所示。

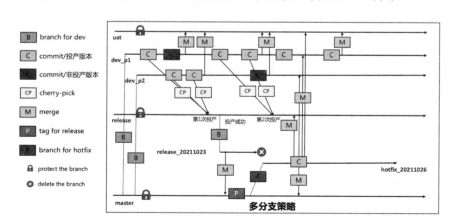

图 4-3 一个金融企业的代码分支策略示例

图 4-3 描述的是一个金融企业的代码分支策略，类似上面介绍的第四种策略，客户有 master、uat、release 三个常驻分支（不直接 commit 代码），同时存在多个并行开发分支，定期 merge 到 uat 分支测试，投产时则根据需要投产的功能来 cherry pick，投产后打出临时分支合并到 master 上。这种策略的优点在于：和企业的开发、测试、发布流程绑定，过程比较清晰，分支管理非常严格，适用于多版本并行开发且发布周期相对较长的场景。但缺点也很明显：并没有直接从 uat 向 release 合并（原因在于发版时间固定，有些特性未测试通过，临时决定不发布），如果团队规模很大、提交特别频繁、代码依赖复杂，那么 CP 后的可用性会很难保障。

综合来看，四种分支策略中，主干开发分支发布的优势较为明显，代码库本身的管理足够简单，但这对人员的技能要求、代码松耦合要求、架构分层要求等都很高（代码不会冲突、代码质量很高、可随时发布等）。目前企业比较好的选择维度是结合高低频发布和强弱管控要求来决定适合自己的模式。例如，针对弱管控+高频发布的场景，就可优先考虑 TBD 策略；针对强管控+高频发布的场景（如互联网金融项目），就可优先选择 Gitlab-flow 策略。

2. 代码质量检测

通常团队的人越多，能力差异越大，代码质量就越会成为大问题。每个人在缩进、换行、空格以及大小写方面有不同的习惯，很多人也没有格式化的习惯，导致提交的代码给人感觉很混乱。风格问题尚不致命，但代码里要是直接设置了环境配置常量或密钥、未关闭流、未关闭连接等，就会导致很多运行风险。一些可行的代码质量管控方式包括：

- 代码定期 review：定期（比如一周一次）review，主要针对核心模块代码和新人代码，需要提前通知相关人员（熟悉业务规则的成员）阅读代码，否则效率会比较低。
- 通过工具扫描问题：构建时，在流水线中执行 sonar、eslint 等扫描工具，将相关统计报告同步给技术负责人。
- 卡点强制执行：比如提交代码时，会通过 Hook 调用工具强制检查一些必要点，如果出现不合法，就强制不允许提交。
- 开启自动化测试：这个当然是要有一定的代价，在非稳定期的迭代中，效果相对一般，在成熟系统持续迭代期可以考虑。

持续集成

云原生架构使得需要独立打包介质的代码越来越多，持续集成（CI）可以帮助开发人员更加频繁地将提交代码构建为可运行介质，通过自动构建应用并运行不同级别的自动化测试（通常是单元测试和集成测试），协助团队来验证这些更改，确保这些更改没有对应用造成功能影响。持续集成面临的挑战主要包括：

- **小型独立代码库管理**：每个团队可能会使用单独的代码库，这就间接要求平台要管理很多凭证，代码库上的各类分支策略不同，需要配套多种流水线来执行。
- **多种语言和框架管理**：随着企业的快速发展，往往会使用多种语言技术，持续集成能力要足够全面和灵活，才能支撑更多的企业系统。
- **信创环境差异**：由于存在不同的芯片架构和操作系统持续集成需要考虑后续多环境部署的要求，因此需要生成不同的介质或者镜像，并进行标签化管理。
- **多版本管理**：频繁构建产生的介质会非常多，无论是否提交到仓库，都需要对版本有严格的定义，保证能够追溯到具体代码的对应信息。

持续集成可以将开发人员从手动任务中解放出来，并且有助于减少从发布到生产环境中的错误和缺陷数量的行为，从而提高团队的工作效率。通过更频繁的测试，团队可以在缺陷变成大问题前发现并解决这些缺陷。业界通常选择 Jenkins 作为持续集成的引擎，通过 Pipeline Job 形成流水线任务编排。在持续集成的能力建设中，需要注意以下几点：

- **流水线模板**：如果将流水线的编排定义工作完全交给各个项目团队来做，最终会发现差异极大（比如熟悉脚本的直接就依托裸脚本编写能力）。因此，需要结合语言、架构、阶段三个维度，定义企业级通用的流水线，各项目团队只需要调整持续集成流水线中的关键参数即可。模板作为组织级资产，应支持在企业内或项目内共享复用。例如结合阶段来定义模板，开发流水线一般需要执行单元测试、sonar 扫描，测试流水线则需要执行介质安全检查、集成测试等。
- **事件通知**：持续集成的成功或失败、测试报告的结论、安全报告的风险等，都需要通过不同渠道立即通知到干系人（团队、角色、群组、个人等），事件通知要求言简意赅，过于复杂的或未解读的报告，其通知的价值就不显性。
- **执行权限**：Jenkins 提供了脚本执行能力，很多产品在提供流水线任务时，也会预留脚本类型的任务，以供个性化场景的快速实施，这就使得对执行权限的控制非常严格，包括 Jenkins 工作节点的启动用户权限、执行脚本的用户权限、脚本内容的检查等，都需要谨慎考虑。

- 变量管理：持续集成流水线的模板解决的是企业级复用的问题，而流水线内部的变量机制则解决的是单条流水线的复用问题。例如某个微服务，同时有两个开发分支在迭代，其开发阶段的持续集成流水线是完全一致的（只是拉取代码时对应的分支不一样），这就可以通过定义一条流水线，通过变量机制形成多分支代码的复用。

- 介质管理：随着云原生架构升级，介质的管理对象不仅包括 JAR、WAR 这些传统类型，诸如 ZIP、TAR、BIN、镜像等各种安装包及构建包都会变得常用。介质类型的丰富、数量的增多，使得介质管理的重要性日益凸显，此种情形下需要建立介质管理规范，包括：

  - 存储规范：如开发库、测试库、投产库分离，开发库只保留近期的 10 个版本。
  - 命名规范：如采用四阶段版本命名，V1.2.3_XXXX，V1 为主版本号，2 为子版本号，3 为修正版本号，XXXX 为编译版本号。
  - 使用规范：如二方库和三方库的权限控制，三方库中的具体介质的推荐使用和有限使用的控制。
  - 工具运维：Jenkins 在高并发下有一定的瓶颈制约，长期不删除空间也会造成磁盘占用过大，这些都需要形成日常运维，甚至通过自动化手段提升运维效率。可以通过设置每次产生新 Pipeline job 来提升并发效能，也可以通过 Jenkins API 来删除超过保留次数的历史构建空间。

自动部署

在传统的企业 IT 管理体系下，生产部署都是交给运维部门独立负责的。在敏捷研发的体系中，设置集中的发布团队可能降低部署速度，因此我们提倡让每个团队自行完成生产部署（当然，这并不意味着每个团队成员都有权这样做）。如果我们希望提升部署效率，降低部署门槛，同时保障安全操作，那么对于部署自动化、部署策略多样性、部署模式规范性等方面的要求就会很高。针对信创环境下各种基础设施多样性的情况，在部署任务的兼容设计上也需要重点考虑。

1. 部署自动化

部署自动化的目标是能够一键式将软件部署到生产环境，这对于降低生产部署的风险至关重要。在实现部署自动化的过程中，常常会遇到以下挑战：

- 流程复杂性：自动化并不是说将原先复杂的、常常发生问题的手动流程，变成同样复杂的、脆弱的自动化流程。很多企业并不理解这一点，没有从流程的优化着手，导致自动化的效果并不理想。

- 前序工作标准的缺失：各个项目交付的制品结构如果差异很大，势必导致在部署时的具体执行脚本也会存在差异，造成自动化的工作变得无标准可循，自动化更多是在应对各类形态结构。

所以针对自动化的设计，往往要对原有流程制定优化方案，同时对制品等前序工件制定标准，对制品的压缩模式、启停脚本、数据脚本、配置文件等，都进行严格规约，至少要保证同一架构的制品可以复用自动化脚本任务。

对于具体的自动化流水线设计，要做到流水线中的各个步骤尽可能保持幂等性，以便在发生故障时能够根据需要重复执行多次。另外，这些步骤应该是顺序独立的，可并行、可串行。对于自动化部署的持续优化，可参考以下模式：

- 降低流程中的手动步骤数目，使用系统化的方法，逐步减少这些步骤。
- 减少部署流水线中延迟的时间，找出并优化部署流水线中停顿原因。
- 提升部署成功率，同时降低MTTR（平均修复时间）。

2. 部署策略

云原生架构下，部署不仅频繁，而且更复杂的工作是各类创新业务的快速试错，所以选择正确的部署方式，把对系统和用户的影响降至最低是非常重要的。流行的部署策略有很多，最常用的是下面3种策略，在自动部署设计中需重点考虑：

（1）滚动更新：通过逐个替换应用的所有实例，来发布应用的一个新版本。通常其过程如下：在负载调度后端，将版本A的应用实例池中的实例逐步替换成版本B的实例，新实例和老实例共同去接收请求，如果业务验证下有问题，可进行回滚，恢复A版本。滚动更新的难题在于，在更新过程中，旧版本和新版本会共同接收流量，这就需要对不同版本的数据兼容性和隔离性等做充分设计。

（2）蓝绿发布：与滚动更新部署不同，版本B同等数量的实例对应的部署在版本A旁边。当版本B业务测试通过后，流量在负载均衡层会完全切换到版本B。当然在切换后，原有版本A还是会保留一段时间，如果发现任何问题，还可以切换回来。这种策略实现起来技术难度最低，但资源消耗则是最高的。

（3）金丝雀发布：是指逐渐将生产环境流量从版本 A 切换到版本 B，通常流量是按比例分配的，例如 80% 的请求进入版本 A，20% 的请求进入版本 B。对于移动端来讲，通常按策略将新版本推出到少量客户端，直到最终推到所有客户端。这种策略一般时间跨度较长，优势则在于可以逐步增加范围，有效评估风险和问题。

从技术工具的角度来看，自动部署和持续集成会有一定的交叉。在部署技术层面，通常可使用像 Ansible、Puppet、Fabric 这类工具或框架，注意权限的控制更加重要。随着 Docker、K8S 等技术的兴起，以及对节点伸缩、故障漂移等能力的底层支持，在自动部署领域，一定要结合基础设施的发展来做选型和设计，同时在部署执行中要结合一系列准则和政策以加强安全性，实现简单高效、安全可靠的自动部署能力建设。

安全合规

对云原生架构制定的安全合规手段，应该与传统架构安全措施有效配合，最终形成完善、可靠、安全的云原生系统，才能有效地支撑云原生应用的正常运行。云原生的服务安全管理，要伴随在从需求规划、架构设计、系统开发、运维运营到客户服务的全生命周期中，无论内部业务流程还是对外客户服务，都要遵从法律法规和企业标准所规定的安全、合规和隐私保护基本原则，将功能与质量、安全与隐私保护融入云原生服务全生命周期，同时特别关注个人信息在采集、使用、保留、传输、披露和处置等处理过程中的隐私保护，确保流程透明、结构完善、控制严谨、过程可追溯。

1. 安全的开发运维流程

通过对开发运维流程的持续改进，形成开发、运维、安全一体化的 DevSecOps 可信流程，结合工具和技术规范实现流程的固化，使过程和结果透明可见，从故障现象到模块代码可追溯，从而实现云服务全生命周期的过程可信。在此流程中需要注意的是：

- 安全合规是团队所有人的责任，需要团队成员树立起安全合规意识，并融入每个人的思维方式和工作状态中。

- 安全合规始于研发规划与需求梳理，企业需将安全合规融入设计并有效执行。在我们团队中，会先期梳理一套公共安全需求模板，初始化到每个产品的初始需求池中。
- 尽量将安全和质量保证手段无缝嵌入 DevSecOps 的全生命周期，通过工具和流程自动化实现。
- 加强安全反馈和持续改进机制，持续保障云软件产品均能实现独立开发、独立测试、独立发布、独立部署和独立运维。

2. 安全可信运营

安全可信的运营内容通常包括运维权限管理、系统日志与审计、漏洞与补丁管理、事件管理、业务连续性管理等，覆盖了安全运营的事前防范、事中响应、事后审计的全生命周期。在保证常规安全运营的基础上，还特别需要关注合规、透明和隐私保护等可信要求。例如：

- 监控与日志管理方面，日志需要保存超过半年，进而满足监管合规要求，日志不能保存用户个人敏感信息。
- 拥有完善的漏洞感知与收集渠道，漏洞和事件信息需及时通知，进而符合透明要求，用户可自主选择通知推送的方式以满足隐私的要求。
- 定期更新服务器和关键应用的用户密码，提供唯一 ID 登录＋多因素认证，账号权限要符合 SOD 原则。
- 基于云服务特点的风险评估，制定有针对性的灾难恢复计划，通过演练发现问题，持续改进增强。

3. 安全的云原生服务

无论是以产品介质的方式提供服务，还是以类似公有云的模式提供服务，平台都需对这些服务提供包括安全扫描、安全防护、安全通信、安全认证等的支撑能力。我们在实践中通常会按如下方式来实践：

- 安全制品：云原生平台应为用户提供功能全面的扫描工具，协助用户控制对外介质的供应风险，工具对仓库中的介质进行多方位的扫描，包括基于权威漏洞库信息、依赖组件安全情况、不安全配置信息、是否含有恶意代码、是否存在隐私信息硬编码。在内外部传输时，通过文件签名技术实现完整性保护，尽量采用安全通道进行传输，确保完整性与机密性。
- 安全通信：服务往往通过 REST API 对外暴露，需提供面向 API 的认证授权机制，对调用者进行身份认证鉴别，同时对 API 分级分类，支撑不同级别的权限控制。

案例：某商业银行科技部开发运维一体化平台

某商业银行正处于新核心的建设阶段，有 100 多套系统需要同步进行升级改造。由于系统的承建团队能力存在差异、开发标准不一，行方科技团队面临着前所未有的协作压力。

银行内部虽然使用了项目管理、测试管理、Jenkins、哥伦布等平台，但数据分散在各平台中，生产上线过程还停留在手工模式，无法形成完整的信息追溯链，难以清晰地掌握从需求到投产上线的全流程。同时，开发、测试等多个环境管理混乱，缺乏有效的制品晋级管控措施，使得组织级质量目标难以落地。

行方希望基于研发运营一体化 DevOps 工具链解决如下问题：实现从需求提出到投产上线的全流程可视化与自动化操作，有效落实质量要求，提高开发效能与持续集成能力；通过基于持续交付的分支策略，实现指定版本的测试与发布，快速、灵活地响应业务需求，减轻开发人员负担，提高持续集成能力；将单元测试与代码扫描加入构建流水线，代码提交即触发构建，并通过质量门禁与阻断机制，将代码规范与质量要求落地到执行层面，扫描结果及时反馈给开发人员，确保代码质量。

为此，行方规划了以下建设目标：

- 研发运维一站式门户：构建开发、测试、运维、管理统一化门户。
- 软件生产操作自动化：软件代码不落地，质量审查、制品管理、构建部署自动化。
- 软件开发过程数据化：过程量化数据化，开发过程、关键阶段、关键指标数据化分析。
- 开发管理度量可视化：量化数据可视化，质量数据可视化、效率数据可视化、管理可视化。

新的 DevOps 工具链完全替代了原有的项目管理工具，通过配套管理流程进行项目立项、项目变更等流程发起；通过内置项目管理功能进行产品线需求评估、任务分解、开发、测试和上线的全过程管理；通过流程驱动多角色高效协同，实现全流程管控和自动化；通过试点项目落地最佳实践和组织级模板，与测管平台、容器云、CMDB 等系统集成，提供全流程一站式服务，强化从需求到上线的全生命周期管理能力。

在实施过程中，从全流程贯通的角度将代码分支管理规范和流程，以及 CI/CD 过程规范融合在 CI/CD 流程模板中，保证了持续集成和交付过程组织级规范的落地推行。同时，结合项目流程规范，通过自定义流程处理能力打通研发过程各环节，实现自动流转、高效协作。

面对复杂的外部系统集成需求，DevOps 提供了统一登录、流程集成、统一待办、数据交互、系统迁移等多种解决方案，既实现了统一门户的目标，又从全流程视角实现了流程串联驱动和信息共享，形成了敏捷高效的核心交付流程。

平台提供了自定义表单、流程、过程参数、CI/CD 流水线和报表的可视化配置能力，并通过统一框架支持复杂流程处理扩展和外部系统集成，支持行方自主实现 15 个研发流程的自定义、8 个外部系统的集成、各种容器和非容器应用的流水线模板，以及多套自定义报表，实现了真正意义上的自主掌控。

平台实现了从项目立项到需求分解、开发构建、代码管控、测试、持续集成、版本控制、多环境部署、自动化测试和生产上线的全流程贯通，实现持续、高效的自动化交付，覆盖 400 多个系统，完成 18 个管理流程、15 类工作项管理流程自定义，自定义控件 45 个，自定义页面 85 个，集成 9 个外部系统和 6 套报表。

经过摸清现状、输出标准和规范、落地验证、迭代开发、一键部署演练、核心上线等一系列步骤，行方最终在投产阶段于 10 分钟内完成了近 70 个系统的一键投产，其中包含 917 条流水线定义、3167 个流水线任务环节、上万次的构建和部署流水线任务的执行。

4.4 低代码开发平台发展与演进

中国低代码市场这一轮建设风口差不多是从 2016 年开始的，经过这些年的发展，进入了百花齐放的阶段。用户从早期观望，纷纷过渡到低代码平台的建设或引入期。随着云原生架构升级，单个微服务的规模变得更小，功能变得更聚焦，低代码也获得了更多技术支撑（组件化、模块化），结合敏捷研发快速迭代的思路，低代码平台已成为数字化应用的新一代支撑工具。

低代码技术能力的发展目前主要分成两类。第一类是通用低代码基础引擎能力，一般包含页面编辑器、实体设计器、流程编辑器、报表设计器、服务编排等能力。第二类是业务低代码建设能力，一般是基于低代码基础引擎，结合各个行业方案形成的低代码平台，初级开发者或者业务领域人员可以使用该平台快速建设行业应用。

以低代码实现信创 2.0 的演进升级

随着信创工程的不断深入，产业侧需要做的工作，逐渐从简单的产品替代过渡到应用的迁移和升级，从一般应用、业务应用到核心应用，信创迁移的难度不断加大，对软件开发过程灵活性的依赖度不断提升，产业侧进入了信创 2.0 阶段。海比研究院认为，信创 2.0 同信创 1.0 阶段的本质差异在于：曾经是单点突破，现在是把点串联起来，形成整体突破；曾经不强调国产产品技术全栈支持，现在强调全栈支持，实现生态建设；曾经强调替代，现在不仅是替代，还要有技术或应用上的突破与创新。

低代码平台是实现企业技术突破和创新的重要手段。Gartner 曾在 2019 年给出预期："到 2024 年，低代码应用开发将占应用开发活动的 65% 以上。"本质上低代码是一种软件开发平台，允许开发人员使用最少的编码来构建和部署应用程序，平台通常包括可视化拖放界面、流程、服务、模型等，以及与各种服务快速集成。低代码开发平台往往会为企业提供一些开箱即用的模板，企业能够基于模板定制具有创新功能的新解决方案，以满足特定业务模式的需求。

从业界实践来看，如果期望低代码真的能支撑复杂应用的建设，最理想的方式是做两层设计。第一层采用 Web IDE 模式，形成基础的线上开发模式，这种模式不需要行业或业务的封装，更多解决底层适配和通用模型的在线低代码问题。第二层则是在第一层基础上，根据业务领域完成更进一步的低代码建设，力求用户不需要了解开发技术，通过业务化配置即可完成领域应用的个性化建设。

面向信创应用迁移时代大规模的应用建设需求，低代码开发模式能够为企业带来如下收益：

- 简单：低代码降低了应用程序的开发门槛和部署时间，开发人员不需要准备专业的编码工具来进行全面开发，尤其在云原生体系架构下，需要管理的基础服务众多，低代码开发模式使得管理效率的提升尤为明显。同时通过对一些非专业 IT 人员进行简单的编码培训，也可以让他们参与到应用构建中。
- 安全：随着法律法规的不断更新，企业所面临的风险也在不断变化。低代码平台通过集中化的平台与资源管理，能够有效控制所有风险管理流程，大幅提升应用安全性。
- 快速：通过将表单、视图、流程、服务等有效串接，实时完成编译和运行，使一些用户需求在原型设计期间，基本就达到了交付效果。低代码工具让更多的人花更少的时间来完成工作。
- 标准：低代码平台通常会和企业标准紧密结合，将标准直接下沉到平台之中，进而达到开发约束的作用。使用低代码构建的解决方案，代码相对标准，操作模式相对统一，UI 效果相对一致。

如前文所述，信创应用的迁移正逐渐转向一般应用和核心应用系统的建设升级。在此背景下，对于低代码平台本身的功能特性也提出了更高要求，要求企业在聚焦特定业务的低代码建设过程中，不能忽略作为通用的低代码平台应该需要解决的更多领域、更复杂的系统性问题：

- 很多低代码开发平台封装的组件限制了专业开发者的使用，使得一些高级场景的实现变得困难，间接造成了平台的推广范围受到限制。
- 不少低代码平台无法做到定制化，需要客户反向适应平台模式，这对于一些大中型企业来说，显然是很难满足要求的。
- 当在低代码平台上建立了多个系统时，更换系统的成本将非常高，更多企业希望低代码平台和专业代码平台拥有一致的开发资源模型，甚至可以直接生成可维护源码。

低代码平台的核心能力和技术分支

为了解决上述提到的一些问题，通用型的低代码平台至少需要包括以下几种能力。

- 可视化模型设计：与数据存储相结合配置模型属性以及关系。
- 可视化页面搭建：通过简单的拖曳完成应用页面开发配置。
- 可视化流程设计：支持业务流程或审批流程的快速配置。
- 可视化服务编排：组装技术或业务逻辑，对外发布 API。
- 可视化报表及数据分析：提供 BI 分析能力，自定义分析报表。

针对上述能力建设，业界低代码工具在具体的设计上通常会有几个不同分支：

- 模型驱动与页面驱动：前者保持了专业代码的思路，数据与页面分离，后者则会将表单和数据合二为一，或者说不太关注数据结构。在实际的中大型应用建设中，数据模型间都会存在一定的勾稽关系，尤其一些专有领域，如财务、人事等，其业务核心还是在于数据的流转，对于后续的数据加工、分析等也有很高的要求，所以基于数据模型设计来驱动系统建设可以应对更广泛的应用建设需求。
- 解析执行与源码生成：到底生成代码的方案算不算真正的低代码，关于这一点，业界一直存在争论。有的意见认为这种方式只能作为一种开发辅助方式，类似一些脚手架，且生成代码后，很多依赖、代码格式就被固定了，所以现在大多数低代码工具并不生成源码，而是建立一套中间模型，通过解析来执行。事实上，两者在特定的场景下，是需要做出权衡的，尤其在一些需要高性能处理的场景下，源码理论上比解析执行具备更高的效率。在这个背景下，折中的做法是，支持生成源码，但是默认并不推荐生成代码后离线去管理。如果确实有一些页面或逻辑需要特殊调优，可以直接通过修改模型对应的源码来实现。

低代码平台所应具备的核心能力，除了基础能力之外，还有一个比较重要的部分就是模板库（也有人称之为应用商店）。模板库随着上层应用的不断积累会变得越来越丰富，有些企业甚至通过低代码平台打通了内外部生态，开发者通过插件模式可以为平台模板库增砖添瓦。

当然，低代码开发模式最终离不开用户、菜单、角色、数据、权限等基础能力的支撑运行。我们推荐的做法是，通过建立一套整合应用的框架，囊括基础数据、权限等维度的管理，通过应用门户，将低代码开发出来的资源进行统一发布，基于微服务、微前端等技术，纳管低代码应用，对于专业代码开发的前后端，也能够统一管控。

低代码与专业代码融合

很多大型企业的低代码平台建设实践往往止步于中途，其原因在于一开始选用的低代码平台，虽然快速解决了项目中 80% 的应用建设需求，但对于剩余的 20% 却无能为力，而后者往往才是项目成功的关键，也具备更核心的业务价值。

如前文所述，这个问题的本质实际上在于低代码平台是否在满足快速应用建设的同时，从数据模型、组织权限层面提供了足够的通用支撑能力。对此，需要围绕专业代码与低代码相融合的思路，力求能够满足更广泛的企业复杂应用建设场景。低代码与专业代码的融合，并不是说低代码可以通过比如 rest 接口直接调用专业代码开发的成果，这个理解是片面的，这种"混合"模式仅仅是通过技术手段将两者混合在一起，本质上又建立了一个低代码孤岛。

我们推荐如图 4-4 所示的融合体系。

在这个体系下，无论前端还是后端，最终都是可以分开或融合运行的。前端采用了微前端模式，可将页面进行重塑；后端则通过本地化的服务编排、流程编排等能力，形成逻辑的复用。举个例子来说，在这种体系架构中，通常会进行如下的分工：

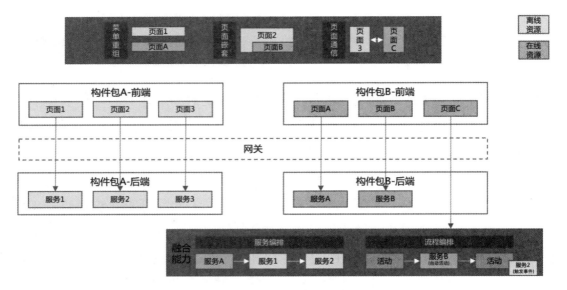

图 4-4 推荐的融合体系

- 专业代码开发：开发通用逻辑、流程规则（如参与者规则、分支规则）、页面组件等快速发布到低代码应用的本地环境中。
- 低代码开发：配置流程、表单、模型、服务等，流程中可直接选择流程规则，服务中可直接编排通用逻辑。

很多人认为，低代码技术降低了应用的建设成本。不可否认的是，低代码降低了技术应用的复杂度，使得公民开发者的群体越来越广泛，从而在一定程度上降低了人力资源成本。但我们认为，低代码更重要的价值在于通过弥合业务部门与技术部门对于应用建设过程中需求理解的差异，解决了企业信息化最后一公里的鸿沟，让企业全员都有可能成为未来的数字化人才和数字化尖兵，为企业打赢数字化时代的创新战争奠定了基础。

先有低代码，才有零代码

零代码，广义是指不需要写代码就能开发应用。这种方式对于丝毫不了解技术的人员非常友好，可以在线设计、发布、部署简单的应用。例如发起一个填报流程、设计一个问卷调查、组织一个投票活动等。零代码更适合非技术人员，例如产品经理、销售人员等，即使不了解任何代码知识，也能自助获得想要的结果。

在企业级应用的建设场景下，零代码的建设前提是先具备通用的低代码底层能力，进而针对不同的业务领域，建设专属的零代码平台。例如银行的填报归集业务、分行特色普惠业务、数据应用分析业务等，在低代码的建设场景下，这些都依托于先建立了面向金融领域知识图谱抽象的金融低代码平台。换言之，应用能够模块化是零代码的条件之一，而模块化的前提是对企业业务、数据做了足够的抽象，形成了稳定的服务和数据结构，才能更标准化地支撑个性化应用的建设，各种特色应用需求才能变得相对容易兑现。

案例：某股份制银行打造低代码开发平台提升业务交付速度

在引入低代码平台之前，行方主要面临的业务挑战在于：分行研发科技资源不足，科技人员技术具有知识广度，但是深度不够，研发能力相对偏弱。同时，分行的业务需求变化多、差异大，个性化需求呈常态。因此，如果要求分行研发团队能够快速响应，就迫切需要一个技术简单、上手容易、能够快速交付业务的低代码开发平台。

行方在进行同类和同业调研后发现，同类和同业在在线开发平台 / 工具领域已有不少的探索和产品，这些产品和工具基本集中在表单在线设计、在线 BI、支持流程三个方向。但从调研情况来看同类和同业的产品较为单一，都是覆盖某一领域的功能，很少有产品完全覆盖了行方的建设需求，更重要的是没有能够贴合分行特色业务建设的平台。

在此前提下，行方依托通用低代码与特色低代码相结合的建设思路，规划了如下的低代码建设要素：

● 采用应用商店（APP Store）的架构思想，助力银行构建应用生态圈

由总行建设可复用的低代码技术底座，在其上提供面向特色业务的零代码扩展能力，支持快速开发 SaaS 化应用,供各级机构选用; 基于该平台开发的应用,平台数据模型、组件、数据标准、模块和应用均可导出复用。随着基于该平台开发的应用逐步增多，可复用的应用库和组件库不断丰富，形成了应用开发生态圈，建立了创新性的开发模式，基于平台自身可复用功能、组件以及生态圈中可复用的应用库和组件库，可以像搭积木一样地组合出不同的系统。

● 降低一线经营机构（分行）科技成本，加速业务交付与业务创新

当前银行业普遍存在科技人员紧缺的情况，尤其是一线经营机构（分行），科技人力资源不足且研发技能较弱，制约分行业务的发展。通过低代码开发平台，提供在线配置化和向导式的开发模式，支持开发人员快速开发，不再需要编写大量的功能

代码。平台大幅降低了开发复杂度，减少了编码出错概率，提升了开发效率，即使业务人员也可以通过该平台快速开发应用，自主创新。

● 立足云化架构，提升银行精益运营水平

低代码开发平台采用前沿的云化架构，优化IT供给模式，推进IT架构转型。基于该平台支持搭建PaaS化开发运行云平台，通过开发平台的云化，降低了系统构建的复杂度，支持快速开发与部署，全面提升了研发与运维的标准化程度，进一步解放了劳动力。同时低代码开发平台支持快速开发SaaS类应用，应用以服务的形式提供业务支持，避免了应用的重复构建，提高了资源的利用率，提升了银行精益运营水平。

● 统一数据和标准，助力打造安全银行

低代码开发平台将数据标准规范与平台数据组件相结合，使得数据标准落地到具体的系统中。平台中还落地了安全相关指引、编码规范，有利于提升设计指引的落地，推进数据治理水平，助力安全银行的打造。低代码开发平台如图4-5所示。

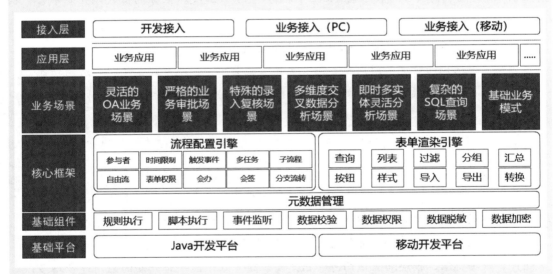

图4-5 低代码开发平台

平台的建设对该行云计算战略的落地、推动该行IT架构的转型与优化有着重要的意义。平台支持搭建PaaS化开发运行云平台，通过开发平台的云化支持快速开发与部署，全面提升研发与运维的标准化程度，进一步解放了劳动力。SaaS化应用以及各组织机构（如各分行）提供的大量可快速复用的应用逐步形成应用服务云，从而有效支撑业务发展。

平台自发布以来，截止到 2021 年 6 月已经推广到该行集团范围内 120 个项目中，经估算和项目组反馈，平台中的通用功能为每个项目组带来 20 人/月的复用工作量，大幅缩短了项目周期，也得到科技、业务人员的一致认可。平台在经济方面的价值较高，从科技产出角度评估出的经济价值固然直观，但因使用平台而带来的开发过程简单、研发周期短、业务抢占市场先机创造的业务价值更加重大；使用平台实现安全自主掌控，快速响应业务创新的战略价值更是意义深远。平台的云化和复用能力打通和整合了该行总行、分行及集团子公司之间的资源，有利于企业生态圈的构建，为业务模式的创新提供了技术支撑。

CHAPTER

第 **5** 章

数据应用迁移
实施路径

基于全栈中间件的
信创实践技术与方法

5.1 数据管理应用发展态势

在国家"十四五"规划中，首次系统布局了数字化发展，强调迎接数字化时代，以数字化转型推动生产方式、生活方式和治理方式的改革。同时，国家明确提出数据要素"数字化转型"等相关政策，利用数据的可复制、非消耗、边际成本接近于零等特性，加速推进质量、效率、动力的变革，助力实体经济，促进新旧动能转换。

Gartner 发布的"2023 年十大战略技术趋势"，包括了数字免疫系统、应用可观测性、AI TriSM（AI 信任、风险和安全管理）等。其中数字免疫系统可以通过数据驱动的运营洞察、自动化和极限测试等提高系统弹性和稳定性，其实现核心是边端数据采集、统一算力平台、高效的数据管理机制以及个性化需求的数据应用模型。

由此可见，数据要素已经成为企业、组织变革的重要驱动力。数据要素的管理作为数据领域的核心组成部分，如何实现自主可控，并兼容适配国产化的运行环境，是企业必须考虑的内容。

某航天军工类央企下属集团是中国 500 家最大经营规模工业企业之一。在企业建设主数据管理应用之初，便设定了通过自主可控的主数据系统建设解决企业内同一主数据存在的重复维护、编码不一致、属性不一致等问题的目标，通过全国产化环境主数据系统建设，建立了横跨科研、生产、制造、试验等多业务的统一的主数据标准体系，实现了企业主数据"书同文、车同轨"的效果。

5.2 数据管理是信创的核心生产要素

信创基础阶段：数据是保障软硬件系统平滑迁移的关键

对信创落地过程而言，平滑、稳定的迁移是成功的基础。平滑迁移意味着在系统升级或切换过程中，数据的传输和转换能够顺利进行，不影响系统的正常运作。为了实现平滑迁移，我们需要在技术准备、数据整理、系统测试等多个环节做足功课。

首先，对源系统和目标系统进行深入的分析和研究，了解其功能、性能、数据流程等方面的差异。然后，根据分析结果制定详细的迁移计划，包括数据转换方案、系统交互方式等。其次，在迁移过程中，需要采用适当的数据处理技术和工具，确保数据的准确性和完整性。最后，进行严格的系统测试，确保新系统可以正常运作，同时保证数据的准确性和可靠性。

可以看到，在这一过程中，数据是贯穿全程的关键要素，数据管理的成败决定了迁移的成败。

信创高级阶段：数据是实现业务创新的驱动力

在软硬件系统平滑迁移的基础上，信创的高级阶段就是业务的创新。信创的内涵不仅仅是原地踏步、等量代换，而是要通过引入新技术、新思路、新模式等方式，对业务进行创新，提高机构运营的水平和效率。

业务创新首先需要打破传统思维模式，从业务需求出发，结合新技术手段，重新设计和优化业务流程。数据可以帮助企业更好地了解市场和用户需求，从而优化产品和服务，提高市场竞争力；数据还可以帮助企业做出更加准确的决策和预测，提高企业的效率和降低成本；数据还可以促进企业的创新和改革，通过数据分析和机器学习技术，企业可以发现新的商业机会和产品需求，优化产品和服务，提高效率和降低成本，拓展市场和提高竞争力。

由此可见，无论在信创应用的平滑迁移阶段，还是信创的业务创新阶段，准确、可用、高质量的数据都是信创的核心要素。

5.3 数据管理体系核心框架规划

我们在数据管理领域耕耘多年，从数据治理到数据中台建设，从众多的项目经验中总结出来：不能把数据管理平台建设作为一个项目或者产品来实施，必须从战略的高度、组织的保障及认知的更高层面来做规划。在战略规划的指导下，搭建一套可持续运行的、自服务的、端到端的数据中台体系，从而加速企业全面数字化转型的进程。

数据中台没有统一的架构，我们从架构演变的过程来看，数据中台经历了最早以大数据平台能力为主的架构模式，到以数据开发平台为主的架构模式，再到目前统一认识到的需要多能力聚合的架构模式，体现了大家对数据中台认知从模糊到清晰的过程。早期两种数据中台架构如图 5-1 和图 5-2 所示。

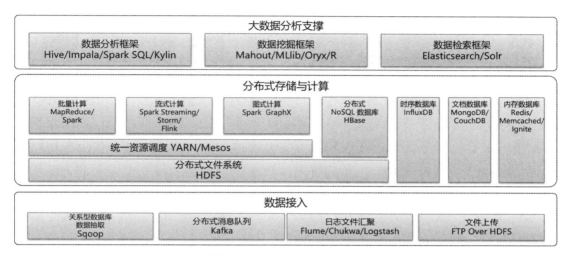

图 5-1 早期以大数据平台能力为主的数据中台

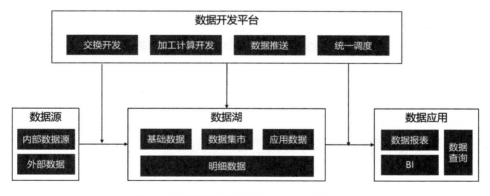

图 5-2 早期以数据开发平台为主的数据中台

无论是以大数据平台能力为主的数据中台，还是以数据开发平台为主的数据中台，都存在较大局限性。当下数据中台架构更趋向于在数据底座之上，整合数据资产形成、管理和服务能力，实现对创新需求和业务运营的灵活支撑，如此才能更好地推动数字化转型建设。满足当下数据中台建设趋势的一种数据中台架构如图 5-3 所示。

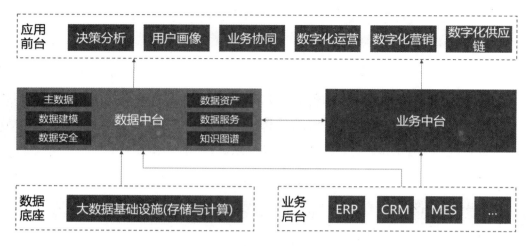

图 5-3 当下数据中台架构

在数据中台架构中包含主数据（Master Data，也称基准数据）、数据建模、数据资产、数据服务、知识图谱和数据安全等核心能力。面向信创数据应用迁移场景，本章会重点对主数据、数据资产、共享数据服务的概念定义和能力架构进行阐述。

5.4 主数据管理体系建设

主数据是企业的核心数据，因此在数据中台的起步阶段，首先需要重视主数据的建设，准确可靠的主数据是数据领域建设的坚实基础。主数据也是全域数据治理的开端，以主数据治理为开始，逐步展开企业各领域的数据治理。

从"四性""两视角"看主数据

简单地讲，主数据是指企业各个信息系统之间高度共享的基础数据。与记录企业业务活动和交易的数据相比，主数据变化相对缓慢，具有极高的业务价值，在企业内部，可以跨越各个部门进行重复利用，是企业基准数据唯一、权威的数据来源。

1. 主数据的 4 个特性

与分析型数据、业务型数据相比，主数据具有以下 4 个特性。

（1）一致性：随着信息技术在企业中的应用越来越多，数据分散在很多不同架构系统中。采购部门、生产部门以及客户服务部门等都在建设部门内部的系统，每个系统之间彼此信息隔离，形成了各种各样的信息孤岛。在企业的各个信息系统里面，主数据被用作基础数据的选择、工作流程的判断和数据可视化分析等各种维度。因此，在不同的同构或异构的信息系统中，确保企业主数据关键特性的高度统一尤为重要。

（2）唯一性：在不同的软件系统、不同的业务平台，甚至一个企业范围内的所有信息系统，对每个主数据实体而言，都应该具有企业全局范围内的唯一数据标识，也就是所谓的数据编码。比如，每位客户具有一个唯一的客户编码，每个供应商具有唯一的供应商编码等。基础数据字典必须跟国际标准、国家标准、IT标准、行业标准接轨并保持同步，根据约定的编码规则和标准获取唯一的主数据实体编码，是企业进行有效的生产运营和服务等活动的基础和前提。在企业的业务流转及审批过程中，每个业务环节完全依靠业务活动中主数据编码识别标志，来决定下一环节的流转走向及后续的处理操作。在业务流转环节结束后，将各个基础的主数据实体编码作为数据分析的指标和维度，并确定数据分析的方向和范围。

（3）有效性：主数据通常贯穿企业各个业务过程的整个生命周期，甚至是永久存在的。只要主数据对应的业务内容和对象依然存在，对应的主数据实体就需要在相应的企业信息系统中长期保持有效性。即使主数据对象的业务对象和内容消失，系统通常采取的措施也应该是把相应的主数据实体从有效状态标记为无效状态，而不是真正意义上的完全删除。

（4）稳定性：主数据实体往往被视为描述业务操作对象的关键信息，在业务过程中，其唯一识别信息和关键特性会被业务过程中的其他数据继承、引用或复制。但无论业务过程如何复杂和持久，除非该主数据实体本身的特性发生变化，否则主数据实体本身的属性通常不会随着业务的过程而被修改。对主数据实体本身属性的修改，要经过严格的主数据变更审批流程。

2. 从业务视角、应用视角维度看主数据

从业务视角、应用视角等不同维度看主数据，主数据范围也存在差异。

（1）业务视角，是从主数据描述的业务实体来看，企业的主数据类型一般包括客户信息（包括供应商、分包商，以及他们的基本信息、联系人信息和开票信息等）、资产设备、产品信息、人员信息、组织信息、财务、流程流转、数据字典等。另外，根据企业实际业务的需要，一些关键的基础数据也通常纳入主数据的管理范畴，比如合同、项目、企业知识库、财务等数据。

（2）应用视角，是从企业数据应用的层次来看，根据企业中数据的特征、作用以及管理需求的不同，可以将企业数据分为元数据、参考数据、企业结构数据、业务结构数据、业务活动数据和业务分析数据 6 个层次。其中，主数据由参考数据、企业结构数据和业务结构数据 3 个部分共同构成，由于元数据是用来描述上层数据的，通常也纳入主数据的管理范畴。数据层次如图 5-4 所示。

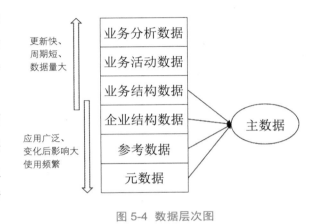

图 5-4 数据层次图

5 项主数据管理体系

主数据体系架构如图 5-5 所示，各组成说明如下：

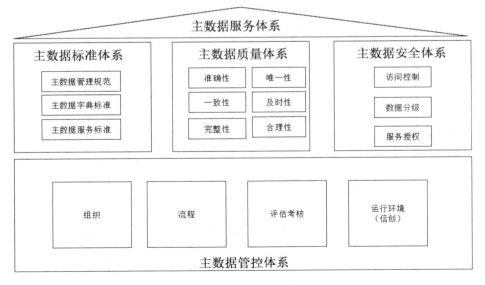

图 5-5 主数据体系架构图

1. 主数据管控体系

主数据管控体系建立的目标是提高主数据的数据质量，构建统一规范的主数据标准，确保主数据在企业内部实现高度共享和使用安全。以主数据标准化为目标，以主数据管理组织建设为保障，以主数据梳理为前提，以主数据过程控制为手段，实现全面、高效的主数据管控。

2．标准体系

构建主数据的标准体系是提升企业主数据质量的核心基础，是实现企业主数据规范化管理的重要保障。主数据管理的首要任务就是要制定企业统一的主数据标准及规范，构建公共的、标准的主数据描述定义，并创建企业层级的主数据模型。数据标准的实施需秉承定义、执行、监督检查三者并重的原则，不仅关注数据标准定义的过程，更要重视数据标准体系落地以及监督评价工作，并结合企业数据治理的现状制定实施计划。

- 主数据管理规范标准规定了管理活动的内容、程序和方法，是主数据管理人员的行为规范和准则。
- 主数据标准包括主数据编码标准、数据元标准、代码标准，它是数据模型的标准，更是主数据标准体系的关键组成内容。
- 主数据服务标准对系统集成的接口、数据压缩方法、数据加密方法、服务接口日志应用等进行约定，以确保系统接口集成统一和规范。

3. 质量体系

质量体系主要是从保证主数据质量的管理制度、管理流程、组织机构、评价标准等方面进行统一部署和规划。建立有效的主数据质量体系，可以确保主数据的有效性，全面提升主数据的数据质量。通过主数据质量体系的建立，可以实现主数据的有效监控。通过主数据质量的实时动态跟踪和及时反馈机制，实现对数据质量的持续优化，大大提升数据的开发和利用水平。

4．安全体系

安全体系包括数据安全和环境安全。数据安全是为了避免非授权用户对主数据进行无意、有意甚至恶意的查询访问、篡改、删除而制定的管理规范和工作准则。

通过对用户进行分类分级划分，使用权限控制等技术手段来对主数据进行安全管理。环境安全要能够兼容适配信创环境，从芯片、操作系统、数据库、应用中间件等一系列的国产信创环境进行适配，保证能够在信创环境下安全、自主、可控运行。

通过主数据安全体系的建立，对数据安全的风险进行分类识别，并提供有效的风险防范措施，以增强企业信息安全的风险防范能力，有效地防范并化解风险。

5. 服务体系

数据的交换，即服务的交换，需要制定统一的信息交互标准和规范，涵盖服务接入规范、服务编码规范和服务管控规范等多个方面，通过注册、封装、重新发布主数据服务接口，使信息化建设和系统集成更加标准化和规范化，也更加高效和透明，从而大大降低维护和管理难度。主数据服务规范主要定义了服务接口标准、服务定义标准、服务协议标准。

6 种主数据管理能力

在数字化转型趋势以及信创需求叠加场景下，对主数据能力的要求也越来越高，需要主数据提供更为丰富、与业务紧密集成的核心能力。

1. 主数据模型定义能力

主数据需要支持多种模型的定义与管理，并可适配多样化存储，可自由地进行数据模型设计，包括模型定义、字段定义、关联其他模型、关联业务字典、脱敏规则等，通过主数据模型的发布来根据数据存储系统创建数据物理模型。

模型类型包括普通模型、关联模型、继承模型、组合模型等。对于不同的模型有其特殊的定义和生成物理模型策略。普通模型就是我们常见的、以实体和实体间关系构建的 E-R 模型。其他 3 种模型说明如下：

·关联模型·

关联模型如图 5-6 所示。

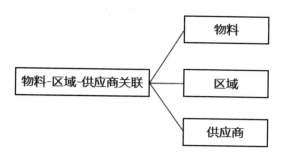

图 5-6 关联模型示例

在图中所示的例子中，当企业的物料采购分区域进行时，供应商可在一个或多个区域内为企业提供相同或不同的物料，通过"物料 - 区域 - 供应商"这个关联模型，可将三者关系进行定义描述。

·继承模型·

继承模型如图 5-7 所示。

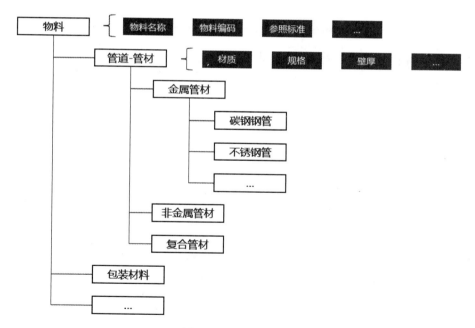

图 5-7 继承模型示例

在图中所示的例子中，以物料类主数据为例，存在多层级大量不同的物料类型。不同物料类型都存在不同的主数据模型，但对于企业而言，物资物料少则几千，多则几万、几十万种，如果对每类物料都单独创建模型，这显然是一个工作量庞大且管理复杂的工作。

因此，需要通过继承模型解决两个问题。一是大量物料类型主数据存在相同的属性，可以在继承的每层级上定义公用属性，以便被下级子模型继承。在图 5-7 中，物料根节点存在物料名称、物料编码、参照标准等属性，可被所有物料子模型继承。管道—管材层级具有材质、规格、壁厚等属性，可被其下级子模型继承，这样在大量的最细化层级，物料模型只需定义其特殊的属性即可。二是不同物料类型主数据生成大量主数据物理表的性能和管理问题，通过继承模型可以对物料层级指定某一层级的节点为源头，将它及下属子模型创建为一张横表，可以是物料根节点，也可以是二级、三级的某一个或多个节点，这样就可以灵活优化物理存储结构，提升性能与可用性。

·组合模型·

组合模型如图 5-8 所示。

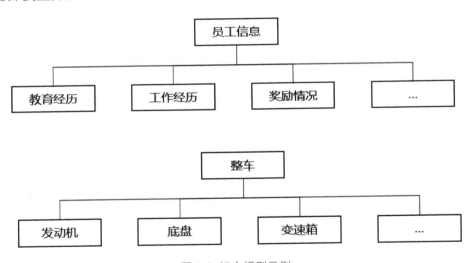

图 5-8 组合模型示例

在图中所示的例子中，组合模型是表达构成或扩展关系的模型结构，这类模型的从模型对主模型有依赖，并且主从模型往往会一起维护和展示。通过组合模型对主模型和从模型建立逻辑关联，并在转化为生成物理模型结构时建立明确连接。

2. 主数据版本管理能力

主数据的版本分为模型版本和数据版本两方面。

对于模型版本的管理，因为主数据模型也需要随着业务进行更新迭代，所以重点是主数据模型字段变更，记录每次版本变化，可以获得物理模型更新 SQL，可以对不同版本进行比对。

对数据版本的控制能力，包括对单一主数据的编辑、生效、历史的多状态版本管理，还可以对多个或全部主数据做时间线快照，并支持多版本检索、版本间比对、版本回退等版本操控能力。

3. 主数据集成抽取能力

主数据要支持多种数据集成抽取方式，从时效上可分为实时最新数据和定时批量数据，分别适配不同的主数据需求场景。

对于纳入统一管理的主数据，还需要进行清洗转换，包括代码转换、编码生成、数据重复筛查、数据缺失、格式错误、主数据内容不可识别等。

4. 主数据分发共享能力

随着主数据参与业务流程或业务环节越来越深入，对主数据分发共享能力的要求就不局限于批量推送，需要主数据提供更为便捷和快速的共享手段。

因此，更多场景需要主数据提供实时获取的服务 API。在业务流程或业务系统运转环节中，以服务 API 调用方式按需获取主数据；或者以服务订阅的方式，在主数据每次发生变化时，实时通知和同步给所有需求方。

5. 主数据权限管控能力

主数据是企业的核心数据，大多具有敏感性或者商业机密性，因此需要对主数据的维护、查看、获取等操作进行细化的权限控制与痕迹记录。除了需要主数据具备功能菜单权限之外，还应包括通过服务 API 访问权限、服务 API 调用过程和在线检索查看的行列权限、数据脱敏等精细化权限管控。

6. 主数据全生命周期管理能力

需要对主数据的生命周期管理，从主数据创建到审核、审批、发布、编辑、作废等环节进行管控，并具有数据版本管理，对每一次主数据变化都记录历史。

从"逐步"到"全部"建设

开展企业主数据管理应用建设，一般分为 4 个阶段，如图 5-9 所示。

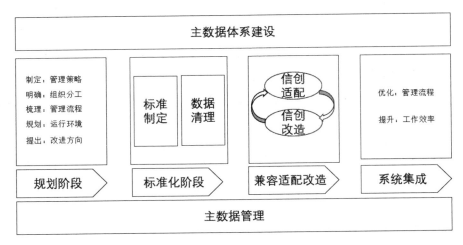

图 5-9 主数据建设阶段划分

1. 规划阶段

本阶段主要完成管控组织体系设计和管控流程体系设计，建立主数据管理组织机构、岗位设置、人员配置，落实各级协作工作流程和职责分工。规划主数据系统运行环境，包括操作系统、数据库、应用中间件和应用集成中间件。

某地产集团是 2023 年房地产上市公司综合实力 50 强企业之一，随着该集团公司业务迅速发展，需要支撑集团业务运转的信息系统越来越多，但各系统之间未完全形成业务闭环，数据孤立不能互通，数据统计不一致，集团主数据（客户、项目、楼栋、房间等）不能共享。为此，该集团从规划阶段开始，就以建立现有传统系统和互联网系统相结合、数据集中管理、业务协同运作、运营统一监控的集团内外协同平台为最终目标，以使用企业服务总线及主数据管理平台来实现数据共享、服务共享为建设路径，面向企业数字化转型的目标建立数据管理规划。

2. 标准化阶段

本阶段建立各种主数据实体模型、业务标准和主数据标准，根据主数据类型建立相关专业性常态化组织，建立集中统一、科学规范的统一标准特性库和数据编码，对分散的、没有统一标准的主数据进行清理。

某药业公司自 2005 年成立以来，就建设了多个业务系统，例如用于日常办公的 OA（办公自动化系统），用于生产、仓储、销售的 ERP（企业资源管理系统），用于销售渠道管理的 CRM（客户资源管理系统），用于质量管控的 LIMS（质量管理系统），用于数据分析的 BI（商务智能系统）等。经过多年的使用，各个业务系统都积累了各种基础数据，例如组织架构、人员、岗位、物料、供应商、客户等，但由于系统之间缺乏统一数据规划和数据标准，使得基础数据多头维护、口径不一致、数据质量难以保证。

在这种情况下，该集团以主数据标准为抓手，统一设计全业务域主数据分类、编码、模型和属性，建立集团全域主数据标准化的接口服务，完成集团物料、客商主数据从源系统的获取、清洗、标准化和发布工作，并完成集团管控与系统共享及重要系统（ERP）主数据贯通与映射、系统集成工作，实现了主数据管理平台与核心业务系统（ERP）的无缝对接。

3. 兼容适配改造阶段

本阶段建立信创环境兼容适配实验室，对规划阶段选定的操作系统、数据库、应用中间件和应用集成中间件进行适配测试，确定主数据系统对信创环境的兼容程度、性能和可靠性是否满足业务场景使用，并对不兼容功能进行改造，以达到稳定、高效运行的目标。在主数据系统信创兼容适配改造阶段，需要重点关注的方面包括：

（1）架构适配，具体包含网络拓扑结构、系统架构（如 ARM）适配。

（2）设备安装与适配调试，需对数据库、中间件、操作系统、服务器、应用源代码等进行兼容适配改造。

（3）系统迁移，提前进行总体规划，考虑如何将停机时间最小化，以及能否实现零停机迁移。

（4）兼容适配测试，包括功能测试与性能测试。

主数据的信创兼容适配尤其要关注的是新旧主数据系统迁移。主数据系统迁移是一个复杂、高风险的系统工程。无论是生产环境还是测试环境，业务中断对用户均存在较大的恢复风险，这样的风险对于时间敏感型数据或是数据完整性业务是不可接受的。

鉴于主数据系统的重要性，为保障业务正常开展，实现将停机时间压缩到最短甚至零停机迁移，需要提前了解现有服务器资源占用情况、数据库数据量，做好软硬件环境、网络环境与 IP 地址、系统安装与配置、操作系统、数据与应用备份、迁移步骤与工具等方面的详细规划。利用同等配置的测试环境进行离线部署，提前将数据和应用备份到测试环境进行测试，运行正常后再进行生产环境部署与迁移工作。必要情况下采用"双轨"运行机制，设置与旧系统并行运行期，通过试点的方式逐步完成信创兼容适配。

4. 系统集成阶段

本阶段主要在企业范围内建立集中的主数据控制中心，为决策分析提供可靠的基础数据服务。同时建立定期评估、应用反馈的机制，对主数据体系进行不断的优化、调整和提升。

5.5 数据资产管理体系建设

伴随着数据管理理念与技术的演变，数据资产管理（Data asset management，DAM）不断发展，经历了信息化时代、大数据时代、数据要素化时代，管理体系理念也不断迭代发展，逐步完善。数据资产管理已成为当前企业数字化管理的重点内容，被越来越多的企业或组织所掌握、运营和实践。

从认知角度看，数据资产是有价值的数据资源；从实践角度看，数据资产是数据架构的具象化。因此，数据资产管理需要做到将数据架构中的数据模型、数据分布、数据流向进行结构化落地与呈现，并对此开展管理和优化工作，对数据资产所描述的数据进行质量管控，从而为企业交付可信数据资产提供数据资产分级分类下的多维度视角展示、数据资产共享对接与管理等内容。

数据资产管理是规划、控制和提供数据及信息资产的一组业务职能，包括开发、执行和监督有关数据的计划、政策、方案、项目、流程、方法和程序，从而控制、保护、交付和提高数据资产的价值。

在企业中，并非所有的数据都能构成数据资产，可明确作为"资产"的数据资源表现为以下两种形式：

- 可帮助现有产品实现收益的增长。
- 数据本身可产生价值。

数据资产的重要性及其管理面临的挑战

2023 年 8 月，财政部正式发文《企业数据资源相关会计处理暂行规定》，企业可以将数据资产作为企业资产列入企业财务报表当中，并自 2024 年 1 月 1 日起开始施行。数据资产入表政策落地节奏加快，表明国家把数据作为生产要素的坚定决心。今后数据资产价值将被企业和法规认可。

根据大数据技术标准推进委员会于 2023 年 1 月发布的《数据资产管理实践白皮书（6.0 版）》，数据资产管理将朝着统一化、专业化、敏捷化的方向发展，提高数据资产管理效率，主动赋能业务，推动数据资产安全有序流通，持续运营数据资产，充分发挥数据资产的经济价值和社会价值。

数据资产已成为国家基础性战略资源，数字经济正在成为创新经济增长方式的强大动能。

与此同时，数据资产管理也面临着越来越严峻的挑战，如何对数据资产进行统一管理和运营，如何保障数据安全，如何提升数据资产管理效能，这些都是数据管理需要重点考虑的问题。在这方面，企业数据管理组织主要面临的挑战有以下几个方面：

挑战一：数据标准不统一

传统企业信息化建设各业务系统相对独立，由于生产经营活动会产生海量的数据，各部门之间的数据往往都各自定义、各自存储，从而造成企业内部数据孤岛的现象非常严重。各个应用系统未按照相关功能规范、数据标准、编码标准设计，结果造成信息难以整合和利用。

挑战二：数据质量不可控

数据资产管理的核心目标之一是提升数据质量，以提高数据决策的准确性。但是，目前多数企业面临数据质量不达预期、质量提升缓慢的问题。一是未进行源头数据质量治理，"垃圾"数据流入数据中心；二是数据资产管理人员未与数据使用者之间形成协同，数据质量规则并未得到数据生产者或数据使用者的确认；

三是缺乏统一的质量检核和问题处理机制，发现数据质量问题并反馈后整改不及时。

挑战三：数据资源缺治理

数据来源于业务，并回馈于业务。业务资产化和资产业务化是数据资产管理的两个重要方面，二者缺一不可。现阶段，多数企业的数据资产管理停留在数据的集成和存储上，管理偏静态，未实现数据全生命周期管理，未形成对数据资源化动态化管理机制，内部数据资源没有转化为数据资产，未形成可用的资产目录，不能实现数据资源的可识别、可管理和可利用。

挑战四：数据共享壁垒

数据在组织内部顺畅流动和快捷共享是数据有效利用的必要条件。目前，很多企业内部信息化建设缺乏统一规划，业务系统分别建设，数据分散存储，数据标准不一，缺乏统一共享渠道，数据共享效率低下，阻碍了数据要素在组织内部的流动和共享应用。

挑战五：数据安全存在风险

当前数据安全风险日益突出，已成为影响企业稳定经营的重要因素之一。企业运营、生产过程中数据非常重要且敏感，如果不慎泄露，会给企业带来不小损失。因此，数据安全在数据资产管理过程中是相当重要的，需要采用相对应的安全管控手段，提升资产安全等级和能力。

数据资产管理能力矩阵助力企业数字化转型

自"十四五"以来，数字化发展战略地位显著提高，加快推进数字化转型已成为全社会的共识。资产数字化管理是企业摸清家底实现资产实时管理分析的重要路径。当前国内的数据资产管理主要还是遵循工业和信息化部组织、全国信息技术标准化技术委员会研发的《数据管理能力成熟度评估模型》（GB/T 36073-2018，DCMM）。多部委接连发布行业数据资产相关指导文件，各行业结合实际持续推动数据资产管理工作，各行业和单位陆续开展相关建设工作，实现了数据汇聚、数据中心建设，取得了一定建设成效，但未实现对数据资源的资产化管理，未能将数据形成内部资产进行利用和运营，不能发挥数据的最大价值。

在此背景下，我们结合多年的行业领域经验，提出构建面向企业的数据资产管理能力矩阵，核心是要构建以数据资产运营为中心的数据资产管理体系，通过对数据的全面盘点梳理，构建企业全域数据资产地图和目录，实现对企业全域数据、全生命周期数据活动的统一、持续管控，不断提升企业数据管理能力，并按需适配当前信创环境下国产化环境和产品，实现在信创环境下的数据管理精细化运营。数据资产管理能力矩阵如图 5-10 所示。

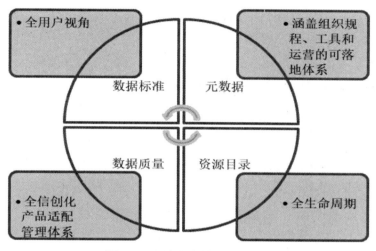

图 5-10 数据资产管理能力矩阵

具体能力类型分为两部分，第一部分是管理能力，第二部分是技术能力，具体体现为以下几个方面。

1. 管理能力一：涵盖组织规程、工具和运营的可落地的数据资产管理

数据资产管理是系统性工程，组织规程、工具和运营三部分相互配合，缺一不可。其中，数据资产管理组织和管理规程是数据资产管理顺利推进的保障，数据资产管理工具是承载各项管理活动的基础设施，数据资产运营是将管理组织、管理规程和管理工具与企业实际相结合，进行整体数据资产管理体系落地，并进一步建立长效机制的重要措施。从管理整体出发，基于大量的数据资产管理实践，结合企业实际需求，提供了涵盖组织规程、工具和运营的全面的数据资产管理解决方案，推动企业数字化转型工作的稳步开展，保障企业数据资产管理工作的成功。

2. 管理能力二：全用户视角的数据资产管理

从客户数据资产管理实际出发，提供管理、业务、运营、技术多种用户视角的数据资产管理。不同用户均可从角色和管理需求出发，依托统一的数据资产管理规程和管理平台，进行相关数据活动，并通过个性化业务流程与其他角色用户进行任务处理、工作配合流转、绩效查看，实现用户活动的规范管理和用户不同需求的及时响应。一方面，实现了对各类型用户的数据活动进行统筹、联动管理；另一方面，调动了企业内各类型用户共同推进、积极参与，真正实现了全用户视角的数据资产统筹管控。

3. 管理能力三：全生命周期的数据资产运营

数据资产管理体系从建立长效管理机制出发，围绕数据资产产生、识别、规范、优化等全生命周期的活动进行动态化数据资产运营，通过数据资产管理能力评估形成数据资产运营闭环，实现数据资产运营过程中的工作量化和过程追溯，帮助企业形成数据资产管理的自我造血和输出机制，实现围绕数据资产运营的数据资产持续、有序、平稳开展，不断激发数据要素的价值。

4. 管理能力四：全信创化产品适配能力

在信创大背景下，在众多行业的数据资产管理实践中，如何与各类信创软硬件产品，包括操作系统、数据库、中间件、应用产品等，进行广泛的适配和集成；如何基于企业的信息系统建设现状搭建数据资产管理体系；如何形成企业的数据资产管理能力，实现对企业数据资产的敏捷化管理；等等，这些都是需要重点考虑的因素。

5. 技术能力一：元数据核心能力

元数据是数据资产的承载者，需要通过元数据对数据资产从主题领域、概念实体、逻辑实体到物理结构进行描述与关联。

元模型定义能力

支持对业务元数据、应用元数据、技术元数据、管理元数据等要素的元模型配置，包括业务术语、业务词汇、系统定义、功能、界面、表单、API、请求、数据库、表、字段、索引、管理部门等，配置业务元数据、应用元数据、技术元数据、管理元数据之间的关联，并支持对元模型与元模型间关系的配置，包括依赖关系、组合关系等。

技术元数据采集能力

技术元数据采集能力是指从错综复杂的企业数据存储系统、数据集成处理过程软件及脚本中解析和采集各种技术元数据的能力。为应对各种数据存储系统环境，这个环节通常需要使用各种技术和语法来支持大数据平台相关组件、关系数据库、国产数据库、数据集成处理工具、存储过程、ETL 脚本、文本文件、表格文件的自动化采集。

应用元数据采集能力

应用元数据采集是通过采集应用系统的前后端数据流向，形成对功能、界面、表单、API、请求、SQL、表、文档的多维度链路图谱，从而协助企业更加精准地梳理应用系统数据架构。通过元数据分析，使企业更加深入地了解应用系统的数据现状、业务特性、功能范围，以及数据字典、库表结构之间的关联，还原系统的数据全景，与技术元数据、业务元数据实现连接。

业务元数据采集能力

采集企业环境中的业务元数据，多以梳理模板或填报录入的形式进行，并完成与应用元数据、技术元数据的映射，为元数据赋予业务属性。这个能力也是发挥元数据管理业务价值的一个关键。

元数据存储能力

元数据存储能力是将采集过来的元数据进行统一存储的能力。为支持各种元数据以及元数据之间关系的存储，元数据存储需要灵活可扩展的架构支撑。另外，能够实时更新存储也是很重要的一点。

元数据分析挖掘能力

元数据分析挖掘能力包括以下几种分析能力：

- 链路 / 血缘 / 影响分析是分析数据的来源和数据的流向，揭示数据的上下游关系，描述并可视化其中的细节，方便用户对关键信息进行跟踪，提供横向（当前）和纵向（历史）双向的分析能力，它可以方便地对同一时期不同对象的变化和不同时期同一对象的变化进行分析。

- 关系分析是对元数据脉络的拓扑关系分析，可以从一个元数据开始，在各维度构成的图关联中检索其相关的元素。
- 相似度分析是对某一元数据从类型、语义等多维度进行分析，寻求与其在业务上或技术上类似的元数据，并对相似程度以一个权重值的方式进行评估。
- 对比分析是对不同环境中的元数据进行对比分析，分析其中的异同，必要时还能根据分析结果产出相应的分析报告。

元数据变更控制能力

当元数据需要变更时，元数据变更控制能力提供变更审核能力，明确元数据版本，保存元数据的历史状态，在发生任何问题时可以自动恢复到之前的版本。在某个元数据项发生变更时，可能还需要对该次变更将要产生的影响进行分析和评估。

6. 技术能力二：数据标准核心能力

数据标准是基于业务操作和 IT 实践总结得出的标准化的数据定义、分类、格式、规则、代码等，用于保障数据定义和使用的一致性和准确性。

数据标准定义能力

数据标准包括业务术语标准、数据元标准、参考数据标准、主数据标准、指标数据标准。

- 业务术语标准：是企业中业务概念的描述，规范的词汇定义。
- 数据元标准：是通过一组属性规定其定义、标识、表示和允许值的数据单元。
- 参考数据标准：是用于将其他数据进行分类的数据，对其描述、值域、唯一标识等的规范化定义。
- 主数据标准：是对核心业务对象可进行跨系统共享的相关属性、代码、编码等的规范化定义。
- 指标数据标准：是对企业分析指标口径、算法、规则等的规范化定义。

标准制定发布能力

数据标准经过讨论与评审后进行公开发布，可以视为权威发布，具有流程上的正式性与权威性，发布后在企业内进行贯彻与执行。

标准落地映射能力

数据标准需要与数据资产（也就是元数据）进行关联，将标准与实际系统、实际数据进行映射，这样才能通过数据标准约束模型、约束数据，发挥数据标准价值。

基于数据标准落地实现的管控存在于数据建模过程、数据模型审核、数据集成处理中、数据集成后的数据检核等多种场景。

7. 技术能力三：数据质量核心能力

数据质量建设应具备数据质量规则管理、检核脚本管理、任务管理、检核结果管理、数据质量报告等功能，以度量规则和检核脚本管理为主线，通过自身任务管理模块或者以第三方调度为触发点，帮助企业建立统一的数据质量管理。从关键能力上看，数据质量需要有检核脚本自动生成、多线程检核、数据质量报告生成这三个核心能力。

检核脚本的自动生成能力

数据质量检核实际上是按照脚本执行并筛选出有问题的数据。随着数据质量度量规则的增多，通过手工编写脚本的方式就无法应对快速增加的度量规则。通常一个中等规模的企业，就具备上千条度量规则。因此，通过配置的方式，利用脚本生成引擎自动生成检核脚本，是数据质量必须具备的能力。

多线程检核能力

检核脚本的执行时间是影响能否及时查看数据质量问题的另一个关键因素。在脚本执行过程中，需要采用多线程并发来执行，保证在较短的时间内检核出有问题的数据。

数据质量报告生成能力

数据质量报告是对企业数据质量情况的总结分析，需要从不同维度系统、部门、检核类别等维度生成固定的数据质量报告。还需要支持按照选择的数据质量规则、时间等条件，来生成个性化的数据质量报告。

8. 技术能力四：资产目录核心能力

数据资产目录是指对数据中有价值、可用于分析和应用的数据进行提炼而形成的目录体系。通过数据资产目录的建设，实现对企业数据资产的管理。

在数据资产分级分类和标签化后，将数据资产以目录化的形式呈现，提供数据资产多维检索、可视化展示、关联拓扑、流向链路、统计分析、对接共享、申请授权、审核审计等能力，是一个企业业务人员与技术人员共同使用的数据与知识门户。

资产目录核心能力包括标签与分级分类能力、资产检索展示能力、共享对接管理能力等。

标签与分级分类能力

数据分类是从业务、技术等视角对数据资产的层级划分，可基于预置的分类层级，将数据资产挂接到相应的分类下。数据分级基于安全诉求，以分级的设置体现敏感与非敏感数据，可基于数据分级进行数据安全管控等操作。资产标签是分级分类的基础，是对数据资产的画像，可设定权威标签与自定义标签。每个使用者都可以建立自己认知范围内的标签画像，通过资产标签可以更加快速与便捷地了解数据资产。

资产检索展示能力

提供统一的体系对数据资产进行检索和可视化展现，支持多入口、多终端。基于分级分类和标签化体系下的多维度检索，甚至可以根据用户的查找习惯定义一个完全不同的检索方式。对于数据资产，可以查看业务、技术和管理等多维度信息、关联关系信息、链路关系信息、关联应用信息等。

共享对接管理能力

资产目录的价值在于推动数据资产的共享应用，因此必然需要提供便于使用者与管理者的在线对接能力，包括数据资产挂接发布、申请授权、共享提供、变更通知、作废销毁等相关流程的在线化实现。还需要对数据资产的使用情况进行记录，便于统计使用情况与审计数据资产使用安全性。

"四化"建设提升数据资产管理效能

根据数据资产能力矩阵相关指引，依托技术平台提供技术工具支撑和制度保障措施作为基础，通过实现业务数据化、治理常态化、数据资产化、资产服务化的"四化"建设，可以提升企业管理效能。数据资产管体系架构如图 5-11 所示。

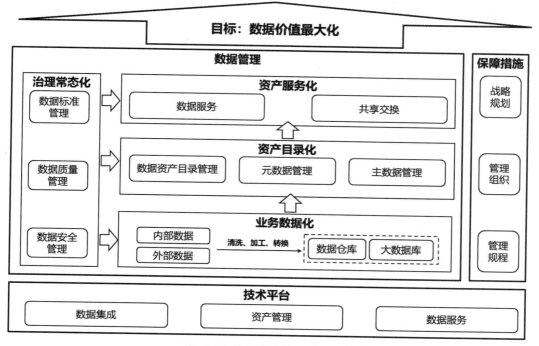

图 5-11 数据资产管理体系架构

某航空公司是由中央直管的航空集团企业，某能源集团是特大型国有重点骨干企业，两者作为央企的头部企业，近几年在数据资产管理方面分别开展了相关体系和平台建设，大大提升了企业数据资产管理的能力和水平，通过建立常态化资产管理机制，实现了对企业内部数据资产价值的挖掘。本节将围绕上述企业的具体实践进行详细介绍。

案例：数据资产管理建设助力某航空公司应对监管挑战

某航空公司的机票大多通过 OTA 渠道进行销售，由于缺乏对数据资产的有效管理，存在核心数据资产使用未进行申请登记、数出多源、数据不一致的问题，导致机票价格在各渠道口径不一致，影响企业的整体价格策略和财务运营。

2018 年，欧盟推出《通用数据保护条例》（*General Data Protection Regulations*），并在欧盟成员国内正式生效，给跨国运营企业带来非常大的压力。2019 年，英国航空公司因交易和客户数据泄露，受到 1.83 亿英镑的天价处罚，给航空公司数据安全管理问题敲响了警钟。

面对集团数据管理存在的"散、乱、难、安"等问题，航空公司急需通过数据治理来提升数据质量，挖掘数据价值，为大量的大数据分析类应用打好数据基础。在此背景下，航空公司从顶层设计入手，出台了相关意见，立足国际标准，参考借鉴合作伙伴达美航空、法荷航等国际航空公司的经验和做法，从平台、系统、产品、服务等多维度着手，持续开展业务流程的梳理升级和标准规范的优化完善。集团通过建设数据资产管理系统，实现数据资产数字化管理、数据资产分类分级管理和数据标准与质量一体化，提升了数据质量，助力合规运营。

案例：数据资产管理支撑能源骨干企业一站式数据底座服务

多年以来，该能源集团各网省建成了大量不同业务域的信息化系统，积累了海量公共数据。但由于没有全网统一的数据资产标准，没有统一的数据模型管理规范，各网省的数据质量参差不齐，存在逻辑上的信息孤岛；不同网省同一名称数据可能有不同的含义，同一个数据可能又有不同的命名，核心业务数据无法有效溯源，数据的准确性和及时性较低。

为助力集团实现相关战略目标的落地，我们提出了由数据管理、资产管理、数据质量、数据模型、数据安全和数据标签组成的数据资产管理解决方案，支撑集团一站式数据服务底座的搭建。

---

1. 业务数据化

传统信息化建设解决的是业务信息化问题。由于分头建设、烟囱孤立，导致企业内部业务数据大多散落在各个系统，数据碎片化、低质量、孤立分散、类型多样、标准不一，未能形成统一的数据资源。

现今在发挥数据要素价值背景下，业务数据化是摆在企业面前的一个重要的基础性工作，也是进行数据资产管理的第一步。业务数据化是将业务过程中产生的各种原始信息记录并转变为数据的过程，具体是通过数据集成工具对内、外部多源同构、异构数据源进行数据同步、数据融合及初步清洗，构建企业内部数据湖、数据仓库，实现数据较高质量的存储及随时调用，为后续的大数据分析及应用奠定坚实的数据基础。

以上述能源企业为例，该能源企业在业务数据化方面全面完成了数据资源梳理工作，包括网省两级数据中台相关数据以及源端系统相关数据，发布了基线版本，实现了网省两级数据模型的协同管理，促进了集团总部对各省级单位的数据模型应用的强管控。

2. 治理常态化

建立完备的数据资产规程体系，对现有数据资源进行全生命周期治理，在规程指导下，持续开展数据标准梳理，从标准出发进行常态化的数据质量检核和优化，对保障数据安全提供技术手段，为数据采集、汇聚、存储、融合、服务提供全生命周期的治理能力。

以上述航空公司为例，在治理常态化方面，航空公司对数据标准、元数据、数据质量规则、数据标签等内容全部采用数字化管理，并建立它们之间的关联关系，支持航企使用多种维度，如风险、安全、隐私保护、数据服务和业务指标等，管理数据资产，挖掘数据价值。建立数据化标准体系，包括码表标准、分类标准、信息项标准、指标标准以及数据内容标准等标准，并根据数据标准生成数据质量检查规则，自动关联数据标准与数据质量检查规则，形成标准质量一体化体系，具体包括如下工作：

数据标准管理

为保证企业内部各业务部门、各信息系统间的数据的规范性和共享性，建立了统一的数据标准体系，涉及元数据及主数据的标准管理能力建设，包括数据定义与分类、主数据、参考数据、数据模型、管理与技术类、质量评估类等内容。制定了明晰的数据管理规范，统一数据标准、实现数据确权；定义了清晰的存储方式与合理的时间期限；明晰了数据加工方法；明确了数据访问方式与控制方式；保证数据内容符合标准要求与质量要求。

通过数据标准管理工具，集团对术语标准、数据元标准、字典代码标准进行定义和维护，并与资源目录概念、信息项、数据库字段进行映射管理，建立统一的数据标准，实现多源异构数据标准层的统一。

数据质量管理

为提升数据的应用效能，加强对数据质量的管控，建立了对数据生命周期的质量闭环管理，主要包括数据质量规则管理、数据质量检查、数据质量问题分析、数据质量问题处理、数据质量考核等管理内容。明确了数据质量的评价指标，包括完整性、有效性、准确性、一致性、唯一性、合规性等，并支持根据业务场景扩展质量评价指标。持续测量和监控数据质量，分析数据质量问题的原因，制定数据质量改善方案，持续提升数据质量管控能力。

通过数据质量管理工具，实现了对汇聚数据的质量规则定义、检核任务配置、质量报告生成，实现了对汇聚数据、融合数据、共享数据质量的统一管理，实现了数据的价值化管理。

数据安全管理

为保证数据的安全管理贯穿于数据的整个生命周期，航空公司对数据进行了安全分级分类，建立了完善的安全策略措施，通过多种手段确保数据的安全合法性和合规性。航空公司开展的数据安全管理工作主要包括数据资产梳理与敏感数据识别、数据安全认责、数据分类与分级、数据安全授权等。通过对企业数据进行统一梳理和识别，理清了企业数据资产分布，同时明确了涉密数据和敏感数据的分布情况，对数据安全实现认责，实现了数据归属权确认。依据数据的来源、内容和用途对数据资产进行分类。根据业务场景，设计数据使用流程和安全防护策略，控制数据访问权限。

通过数据安全管理工具，提供统一身份认证、访问控制、数据加密、数据脱敏、安全审计等技术支撑。

3. 资产目录化

前文阐述了资产目录需要具备的一些核心能力，下面将针对资产目录的实践路径进行阐述。

数据资产目录可以让使用者快速了解企业具有的数据资产，同时让使用者能够快速查询定位到这些数据资产并进行利用或管理。

元数据是资产目录的基石。企业通过元数据的管理形成数据资产，再针对数据资产进行分级分类处理、标签化处理，最终通过目录的方式展示出来。

通过"自上而下"的方式和"自下而上"的方式构建企业数据资产

·通过"自上而下"的方式构建数据资产·

在业务梳理中，我们可以针对企业的业务领域、业务来源、业务分类、业务流程等维度进行梳理分析，从业务角度分析业务实体以及各实体间的关系，梳理业务模型。通过访谈加表格等方式，梳理出数据分布与数据流向，进一步完善模型，构建企业数据资产。如图 5-12 所示。

图 5-12 "自上而下"方式的梳理流程

·构建应用元数据，通过"自下而上"的方式构建数据资产·

应用元数据梳理采用自下而上的方式，通过应用元数据采集机制，智能采集应用的特性、功能、API、界面、表单数据、请求、SQL、表以及它们之间的关联关系，通过图数据库技术建立元数据的链路，以及应用元数据之间的血缘、影响和全链路关系，帮助用户以单表的粒度理解每一项数据含义。再通过对元数据信息的分析和聚类，形成数据标签、数据主题、数据目录、数据链路，辅助梳理数据标准，提供数据业务化搜索功能。如图 5-13 所示。

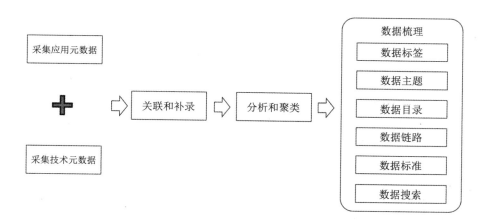

图 5-13 "自下而上"方式的梳理流程

应用元数据中的核心元数据包括特性、菜单、功能、界面、表单、请求、SQL、表、API 等内容。一个应用可拆分为几百个功能，每个功能有自己的 UI 模型、表单模型、请求元数据以及 SQL 元数据。SQL 元数据和数据库表关联，最终可得到功能、界面、表单、请求、SQL 与表之间的关联关系。如图 5-14 所示。

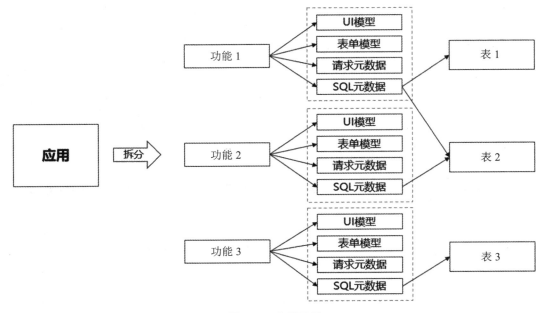

图 5-14 应用示例

对数据资产进行分级分类及标签化，形成资产目录

通过对元数据进行编目，形成数据资产后，我们还需要对数据资产进行分级分类及标签化，才能形成数据资产目录，以便后续能快速查找、定位和溯源数据。如图 5-15 所示。

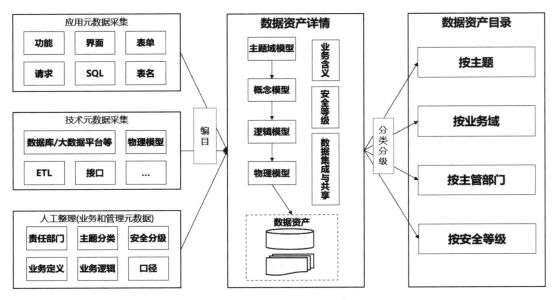

图 5-15 从元数据到数据资产目录

以上述航空公司为例，该航空公司使用大数据技术分析元数据资产，对资产描述信息分词，建立索引并自动聚类，并以此为基础形成数据资产分级和分类标签，支撑标签化多维度数据资产管理体系。

实行数据分类分级是保障数据安全的前提，也是数据治理过程中极为重要的一环。不同数据安全管理成熟度的企业，开展数据分类分级工作的侧重点不一样。有效的数据分类分级需要适应企业当前的业务目标，满足数据合规的要求。

·数据分类·

数据分类是指根据数据的属性或特征，将其按照一定的原则和方法进行区分和归类，并建立一定的分类体系和排列顺序，以便更好地管理和使用组织数据的过程。数据分类是数据保护工作中的一个关键部分，是建立统一、准确、完善的数据架构的基础，也是实现集中化、专业化、标准化数据管理的基础。

为帮助企业建立一套适用、科学的分类体系，通常需要对整个企业数据进行评估，包括数据的价值、敏感数据的风险等。同时，我们还可以从几个维度去思考企业的数据分类：关键性、可用性、敏感性、完整性、合规性。不同的组织、不同的业务场景，数据的分类方式也不同。为满足企业不同的业务需要，可能需要建立多套数据分类体系。

·数据分级·

数据分级是根据数据的敏感程度和数据遭到篡改、破坏、泄露或非法利用后对受害者的影响程度，采用规范、明确的方法区分数据的重要性和敏感度差异，按照一定的分级原则对其进行定级，从而为数据的开放和共享安全策略制定提供支撑的过程。企业数据分级建议是将数据按照敏感程度或受影响的程度划分成3~4 个等级即可。按照敏感程度划分的标准如表 5-1 所示，按照受影响程度划分的标准如表 5-2 所示。

表5-1 数据分级——按敏感程度划分

级 别	敏感程度	判断标准
1级	公开数据	可以免费获得和访问的信息，没有任何限制或不良后果。例如营销材料、联系信息、客户服务合同和价目表
2级	内部数据	安全要求较低但不打算公开的数据，例如客户数据、销售手册和组织结构图

（续表）

级　别	敏感程度	判断标准
3级	秘密数据	敏感数据，如果泄露可能会对运营产生负面影响。例如供应商信息、客户信息、合同信息、员工信息和薪水信息等
4级	机密数据	高度敏感的公司数据，如果泄露可能会使组织面临财务、法律、监管和声誉风险。例如客户身份信息、个人身份信息和信用卡信息

表5-2 数据分级——按受影响程度划分

级　别	影响程度	判断标准
1级	无影响	数据被破坏后，对企业或个人均没有影响
2级	轻微影响	数据被破坏后，对企业或个人有影响，但影响范围不大，遭受的损失可控
3级	重要影响	数据被破坏后，企业或个人受到重要商业、经济、名誉上的影响
4级	严重影响	数据被破坏后，不仅企业和个人遭受影响，甚至还会给国家安全带来影响或风险

·数据资产标签·

数据资产标签是从多个角度对资产进行的描述。一个标签可以标注到不同的资产上，而一个资产也可以同时被标注多个不同的标签。数据资产标签也可以用分组或目录的形式进行归类管理。因此，标签体系的构建应该考虑对数据资产进行查询、盘点、推荐等不同角度的应用。

4. 资产服务化

数据资产服务化是指以元数据为驱动，针对业务需求，基于数据资产，以数据资产目录的方式，提供数据资产服务。数据资产服务可以是单项数据资产，也可以是数据资产组合。基于通用业务场景，数据开发人员会定制开发出通用数据资产。对于需要定制化部分，待数据消费者提出申请并审批后，数据开发人员开发定制，然后上架到数据资产服务目录。数据消费者可以通过数据资产服务目录查阅当前所有的数据资产，申请使用自己需要的数据资产，经过数据管理人员审核后就可以使用。数据资产服务平台会对服务状态、消费效用、任务作业进行监控，保证数据资产服务平台持续提供数据资产服务。

以上述能源企业为例，集团在资产服务化方面，以"提升数据服务能力、实现数据可查可取、释放数据价值"为目标，采取了3种手段。一是全面提升了数据资源和服务的可视、可查、可取能力，夯实基础功能、完善组件服务、优化用户体验，全面提升数据状态监测能力。二是支撑数据服务场景构建，全面推进数字化审计、财务多维精益、现代智慧供应链、网上电网、同期线损等统建应用及对外服务应用的数据共享和分析场景构建，体现应用价值。三是促进数据能力开放，面向业务人员和研发人员逐步开放数据资源，提供数据查询、在线分析等服务支撑，提高数据开发效率，全面拉近数据资产与用户的距离。

数据资产闭环管理如图 5-16 所示，我们规范了数据资产服务的管理过程，实现从需求→设计→开发→发布的闭环管理，其中涉及数据开发人员、数据管理人员和数据消费人员。

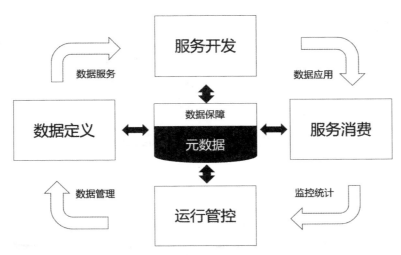

图 5-16 数据资产闭环管理

数据提供方会根据接入数据，针对业务需求，通过清洗、转换、加密、脱敏等操作后，最终在数据资产服务目录上提供数据资产服务。对于通用的数据资产，数据消费方可以直接使用。对于待定制开发的数据资产，需要数据开发人员开发完毕并发布到数据资产服务目录后，数据消费方才可以继续使用。

数据管理人员可以为消费方创建账号及分配权限。同时，数据管理人员审批数据消费方申请的数据资产，通过数据消费人员的职务级别、业务场景、项目范围等情况分配对应权限。

数据消费方可以在数据资产服务目录上查看数据资产，并对需要的数据资产提出使用申请。数据资产提供接口、文件和数据 3 种服务方式。待数据管理人员审批通过后，就能下载使用所批核的数据资产。同时，数据消费方还可以订阅相关的数据资产。

规范数据资产服务的管理过程如图 5-17 所示。

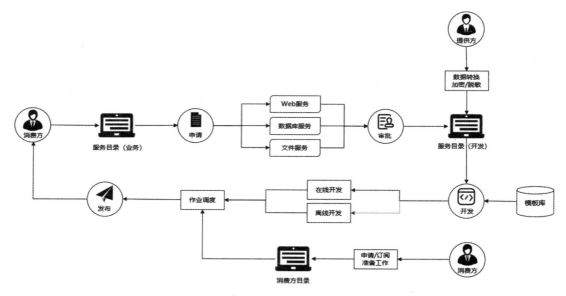

图 5-17 规范数据资产服务的管理过程

数据消费方在应用过程中，如果发现数据资产存在问题，可以通过数据资产服务平台中的血缘分析功能发现与其相关的上下游数据。通过血缘分析，数据消费方确认是否为自己想要的数据，以验证开发的正确性。

传统的数据管理中，业务人员提交业务需求到数据部门，数据部门安排数据开发人员开发数据服务，然后根据投产窗口投产并提供给业务人员使用。这个过程周期长，且数据部门不能很好地理解业务部门的需要，数据开发过程经常出现反复。

传统数据管理与创新数据管理的区别如图 5-18 所示。

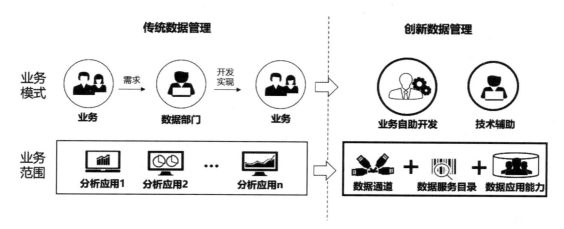

图 5-18 数据管理对比

与传统的数据管理不同，通过数据服务平台，业务人员可以清晰知道数据资产服务平台当前的资产全貌。数据消费人员判断数据资产是否能满足业务需求，如果满足，则可以直接申请审批并使用；如果不满足，则向数据管理人员提需求。而数据资产服务平台是基于元数据的，数据开发人员可以基于数据资产服务平台开发新的数据资产，并发布到数据资产目录。所以，通过数据资产服务平台，可以降低业务人员对技术的依赖，提高业务效率，充分发挥业务创新潜能。

数据资产管理的保障措施和技术平台支撑

1. 保障措施支撑

战略规划、管理组织和管理规程是数据资产管理推进的重要保障。

战略规划

战略规划是企业开展数据资产管理的顶层指导，依据企业发展战略与业务发展需要，由企业决策层负责制定，内容包括数据资产管理的目标、指导原则、实施路线等，用于指导企业数字化建设进程。随着数据价值的显现，越来越多的企业不再将数据资产管理规划局限于 IT 管理部门范畴，而是将它作为企业战略的重要环节，并在战略规划阶段成立专门的数据管理部门，以连通 IT 管理部门和业务部门。

管理组织

建立管理组织是数据资产管理的前提，通过建设涵盖决策层、管理层、执行层的数据资产管理组织体系，进行明确的权责划分和岗位设置，实现对所有数据活动的专职管理，保证对所有数据活动全流程的指引和推进。典型的组织架构主要由数据资产管理委员会、数据资产管理中心和各业务部门构成。具体组织架构如图 5-19 所示。

管理规程

管理规程是数据资产管理的依据，通过建设包含管理办法、管理规范、技术指南的三级数据资产管理规程体系，从整体管理、分项管理、技术执行角度对数据资产管理相关活动进行全方位保障，使各项活动有法可依、有序可行。具体管理规程体系如图 5-20 所示。

数据资产管理委员会
数据管理的最高决策和领导机构，由企业各业务中心领导、业务/技术专家、数据专家构成，负责决策指导数据资产管理工作。

数据资产管理中心
数据活动的专职管理机构，作为数据资产管理的主要管理者，负责执行和监督数据资产管理工作。

业务管理部门
作为数据资产管理的具体执行机构，按照统一管理规程进行数据资产调研、核心数据探查、数据标准制定等具体工作的执行。

图 5-19 数据管理组织架构

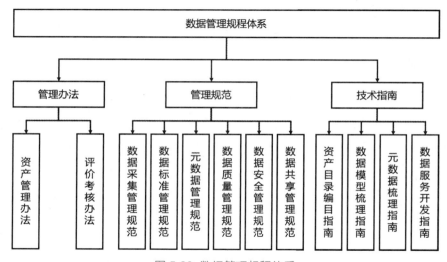

图 5-20 数据管理规程体系

2. 技术平台支撑

技术平台是辅助企业高效开展数据资产管理的有力工具，汇聚了数据集成、资产管理、数据服务等工具，从而实现对数据资产的采集、管理、服务、共享等管理功能。

数据集成在整个企业的异构系统、应用、数据源等之间建立联系和贯通，实现 ERP、CRM、SCM、数据库、数据仓库，以及其他重要系统之间无缝的共享和数据交换。

资产管理是以数据资源目录为核心，通过统一的目录标准、便捷高效的编目流程、模块化可扩展的服务组件、可量化可追溯的服务工单，对组织数据资产进行精准快捷编目、自由流程配置、灵活功能扩展、量化运营考核，并在此基础上形成统一、标准、全局的组织数据资产视图，对组织数据资产进行标准化、价值化和个性化的数据运营，推动组织数据资产的统一管理、共享共用和价值挖掘。

数据服务基于大数据架构提供统一的数据开放能力，是企业数据资源对内、对外的共享通道，提供实时接口服务、批量作业服务、文件传输服务，从数据定义、服务开发、服务消费和运行管控四个方面着手，实现数据资源的闭环管理。

5.6 数据共享服务体系建设

围绕数据共享的典型建设过程与演进

一般认为，数据共享的目标是让在不同地方使用不同计算机、不同软件的用户能够读取他人数据并进行各种操作、运算和分析。经过多年信息化发展，企业内部信息数据存在大量交互、访问、集成等需求，通过数据共享解决信息孤岛、数据获取、数据访问等问题，是数据共享理念诞生的原因。

数据共享的能力反映了一个企业、一个地区、一个国家的信息发展水平，数据共享程度越高，信息发展水平就越高。要实现数据共享，首先应该建立一套统一的、法定的数据交换标准，规范数据格式，使用户尽可能采用规定的数据标准。比如，美国、加拿大等国家都有自己的空间数据交换标准，现阶段我国也已经制定了各种数据共享交换标准，包括矢量数据交换格式、栅格影像数据交换格式、政务数据共享开放标准等。其次，要建立相应的数据使用管理办法，制定相应的数据版权保护、产权保护规定，各部门间签订数据使用协议，这样才能打破部门、地区间的信息保护，做到真正的信息共享。

在数据共享过程中必然面临多系统融合、多业务重构、多技术体系兼容等问题。随着信息化的发展和技术的迭代，国内的数据共享技术演进大体分为两个阶段：

第一阶段是以 SOA 思想为核心的面向服务体系架构，以"中介"的形态链接各异构业务系统；同时，通过标准的服务接口形态定义与约束各系统间的交互标准，从而为业务提供高度敏捷、可扩展的集成服务能力，如图 5-21 所示。关于应用集成的相关理论体系，我们在前面的章节中也有所阐述。在这方面，《信息技术 SOA 成熟度模型及评估方法》很好地定义和描述了企业级应用服务集成建设方法和路径，是用户落地 SOA 体系很重要的评价体系。

	服务基础级别						
	孤岛式	点对点集成	构件化	服务化	服务组合化	服务虚拟化	服务动态化
业务	孤立的业务线驱动	业务流程集成	构建化的业务流程	业务提供和消费服务	组合化的业务服务	外包的服务 BPM和BAM	基于动态服务的业务能力
组织和治理	特定的业务线IT策略和治理	IT转换	公共的治理过程	集成的SOA治理	SOA治理和IT治理对齐	SOA治理和IT基础设施治理	基于策略的治理
方法	结构化的设计和开发	面向对象的建模	面向构件的开发	面向服务的建模	面向服务的建模	面向服务的基础设施建模	业务流程建模
应用	模块	对象	构建	对象	基于组合服务的应用	基于服务的流程集成	动态应用组装
体系结构	整体型体系结构	分层体系结构	构件体系结构	嵌入式SOA	SOA	网格化SOA	动态可配置体系结构
信息	特定应用的数据方案	特定业务线建立主数据区域	标准的的模型	信息作为服务	企业业务数据目录和存储库	虚拟化的数据服务	基于语义的数据词汇
基础设施和管理	业务支撑平台	企业标准	公共可复用的基础设施	基础项目的SOA环境	公共SOA环境	虚拟SOA环境感知和响应	动态、基于事件感知和响应
	级别1	级别2	级别3	级别4	级别5	级别6	级别7

图 5-21 数据共享第一阶段

第二阶段是由电子政务建设衍生的政府数据共享交换需求。相比于企业通过 SOA 体系建设体系内部的共享交换机制，政务数据共享更强调跨部门、跨层级、跨机构的数据共享。以《政务信息资源目录》为代表的管理办法，明确了政务信息资源的共享开发原则、政务资源的分类、元数据、目录、编制程序、政务信息资源共享开放机制等要点，以及多类型数据标准。国内政务领域自 2016 年开始大范围的基于数据资源目录实现数据共享建设，如图 5-22 所示。

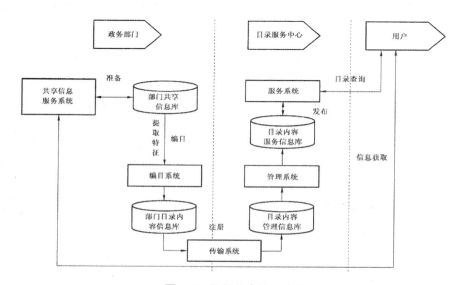

图 5-22 数据共享第二阶段

在数据共享服务体系建设中，为了解决数据安全问题，各种数据安全、数据加密、数据脱敏等技术纷纷诞生。政务领域大范围采纳 SM2/SM3/SM4 加密算法，企业则通过账户、权限等手段进行控制。同时，也出现了基于隐私安全、区块链、分级分类等技术实现的数据共享服务安全体系。

综合来看，国内的数据共享服务体系经过多年信息化发展，已经从传统意义的点对点共享转向全行业应用的阶段，而且随着数据要素、数据交易、数字经济等业态的趋于成熟，每个企业也结合自身情况设计了不同的数据共享服务体系平台，开发了不同的方案设计。

不同需求下的数据共享服务建设模式

新型冠状病毒感染是 21 世纪以来影响范围最广、死亡人数最多、治愈最为困难的全球性重大公共卫生事件。

相信所有人都对疫情泛滥时的"新增""死亡"等各种疫情数据以及健康码"绿码"中的行程、疫苗、核酸记录记忆犹新。抛开政策调控和防疫管理层面不谈，中国打赢全民防疫战役的关键因素之一，是依托数据的全方位支撑。在疫情防控的战时阶段，数据的共享服务为保证数据的全面可靠、实时有效，迅速构建数据分析模型奠定了基础，快速呈现直观的数据分析成果，为辅助疫情研判、决策支持提供了及时有效的综合分析依据，我们打好了防守反击，全面赢取了抗疫的胜利。

抗疫期间大量的共享数据被前所未有地大范围应用，以核酸检测结果为主导的数据共享在居民的衣食住行各个方面均有涉及。在此过程中，数据共享不只是传统意义上的技术实现方式，更为业务赋能提供了可靠的解决方案。

综合国内外在数据共享领域的建设经验和策略，大体可以将数据共享按照技术导向和应用导向分为不同的开发模式。不管选用何种建设方式，其目标均是满足向不同组织、人员和角色提供数据访问，提高数据获取能力，引入个性化需求的需要。

1. 以 SOA 为核心的服务集成共享

前文提到，企业服务总线是企业应用集成在 SOA 理念下的一种实现方式。

企业服务平台是 SOA 架构中实现服务间智能化集成与管理的中介，在逻辑上与 SOA 所遵循的基本原则保持一致。依据 SOA 架构原则，我们可以面向服务集成和服务管理的要求，创建一个 SOA 集成架构，以深入管理服务，并方便扩展应用到整个企业，如图 5-23 所示。

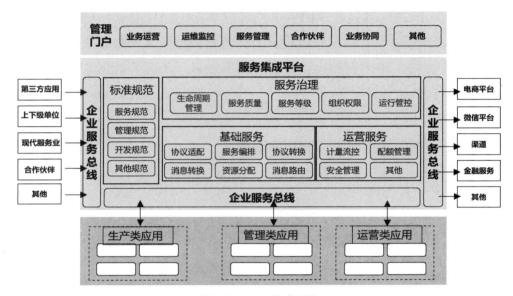

图 5-23 SOA 集成架构

通过企业服务总线体系架构的建立，实现 IT 能力的服务化，为未来 SOA 架构体系的建立打下良好的基础。通过良好的服务架构和服务粒度划分，推动 IT 应用的复用能力，使得 IT 能够相对快速地适应业务的发展和变化。其建设价值着重体现在：

- 构建强壮、稳定、性能高效的基于服务总线产品的应用集成平台。
- 通过平台、服务标准及管控体系、服务监控和分析管理体系的综合建设，规范集成工作，提升集成效率和质量，减轻服务接口的维护压力和运维工作量。
- 以服务的方式对各业务条线的信息化处理能力进行抽象和积累，建设具有特点的、可复用服务体系，提升业务响应速度，灵活应对市场挑战和业务变革，形成未来重要的可复用的软资产，更好地支撑业务战略目标。

以某航天集团单位为例，该集团在信息化领域先后建成 AVIDM、CAPP、SPPS、MES、质量管理、物资管理等多个系统，但在日常业务中发现系统割裂、业务打通困难等各种问题。由于系统间采用点对点集成方式，已经使得系统间数据集成呈现复杂网状，应用间耦合程度高，出现系统故障或进行系统调试时对其他系统的影响较大。随着后续系统不断投入使用，集成工作将不断增加并愈加复杂，集团无法有效了解系统间服务的整体运行情况，使得不可预知的风险问题慢慢凸现出来，必须通过进一步信息化建设和技术改造来着力解决这些问题。

通过建立面向服务的体系架构，该集团将应用程序的不同功能单元通过服务之间定义良好的接口和契约联系起来，通过轻量级的开发与集成解决各系统的集成调度问题。企业服务总线将负责对所有交换的数据、用户操作以及资源进行集中管控，提供不同外部系统的适配器间的协议转换、数据交换工作。适配器负责将外系统接入总线，并实现外系统与总线间的数据收发或请求应答。

2. 数据拉通与共享的典型建设策略

数据资产共享

以数据资源目录为核心的数据共享服务旨在通过统一的目录标准、便捷高效的编目流程、模块化可扩展的服务组件、可量化可追溯的服务工单，对组织数据资产进行精准快捷编目、自由流程配置、灵活功能扩展、量化运营考核，并在此基础上形成统一的、标准的、全局的组织数据资产视图，对组织数据资产进行标准化、价值化、个性化的数据运营，推动组织数据资产的统一管理、共享共用和价值挖掘。数据资源目录为核心的数据共享服体系如图 5-24 所示。

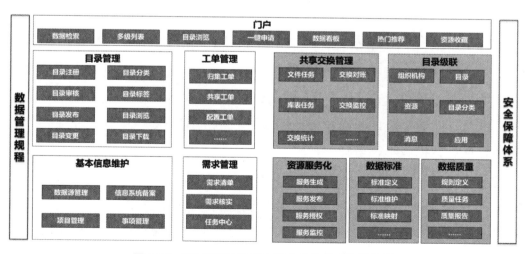

图 5-24 以数据资源目录为核心的数据共享服体系

数据资源目录在业务上又分为公有目录和私有目录，可以协助用户更全面、更直观、更有效地管理和组织数据资产，理解数据背后的业务含义，理顺数据背后的业务关联，挖掘数据背后的价值，规范数据相关的运营活动。通过提升数据资产运营管理能力，可以推动组织的数字化转型，释放数据潜能。

国内以政府为代表的数据目录共享大约始于 21 世纪的第二个十年，到上海围绕智慧城市开展的一网统管、一网通办业务的落地并形成成熟的管理理念。其核心是依托数据共享实现各业务、各委办局、各单位之间的数据集成与共享，通过制定市级层面管理办法，明确数据共享在一网通办业务中的重要地位，通过提升公共数据质量及价值密度，支撑并推动全市公共数据跨部门、跨层级、跨区域之间流通应用。如图 5-25 所示。

国家领导的高度重视

总书记指出，要牢牢抓住城市治理智能化的"牛鼻子"，抓好政务服务"一网通办"

定义全国政务服务目标

国家定义为"一网通办"全国政务服务目标，列入2019年、2020年政府工作报告

获得联合国推荐

联合国发布《2020联合国电子政务调查报告》，上海"一网通办"经验作为经典案例写入报告

 25000000 人口 **2170000** 家企业

 60 个部门 **3197** 个接入事项 **>150000000** 办件量 **134000** 日均办件量

建立数据标准

形成规范抓手，车同轨、书同文

建立资源目录

形成需求，资源，目录联动

梳理数据清单

梳理责任清单、需求清单和负面清单，建立创新的数据流转机制

图 5-25 政府数据目录共享建设

湖仓共享

Databricks 公司于 2020 年率先提出湖仓一体的概念，并将它描述为"一个新的、开放的数据管理架构，将数据湖的灵活性、成本效益和规模与数据仓库的数据管理和事务管理结合起来"。**Armbrust** 等将它定义为"基于低成本和可直接访问的存储数据管理系统，同时具备传统分析型数据库管理系统的管理和性能特征，如事务管理、数据版本、审计、索引、缓存和查询优化"。

根据 Gartner 发布的《Gartner 数据管理成熟度曲线》2022 年报告速览（知乎（zhihu.com）），湖仓一体技术当前正处于期望高峰，预计 2~5 年将步入应用成熟。从技术上看，湖仓一体已经具备商用条件，开源的 Hudi、Iceberg 及 Delta Lake 项目，具备了 T+0 数据存储能力，支持实时及离线数仓的构建，实现 Lake House 框架。从行业格局看，AWS、阿里巴巴、华为等世界顶级云厂商都在内置 Hudi、Iceberg 为数据湖基础设施，构建事务型实时数据湖平台，提升大数据分析的时效性。

"湖仓一体"相比传统数据仓库，支持多引擎并发、多类型数据实时交互处理，省去了数据仓库的大量 ETL 工作，而且湖仓一体本身的元数据统一管理、存算分离、支持事务等特性，更是具备了面向高并发访问的数据服务开发能力。

对于大型集团企业用户来说，其内部大多分为总部、子公司，业务部门也存在着多部门、多团队共享使用的场景。传统意义上通过数据交换、数据迁移的方式实现数据大集中会比较困难，而湖仓一体可以通过 Hudi、Iceberg 等技术快速构建多级数据湖，如图 5-26 所示。

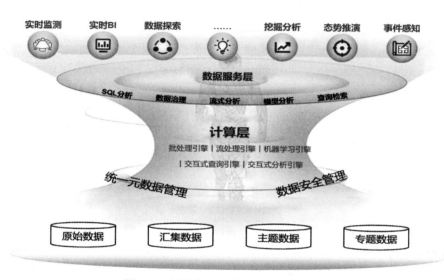

图 5-26 基于湖仓共享的数据服务体系

以电信运营商某网省公司为例。随着业务的高速发展，公司对大数据系统的数据模型转换、数据汇总能力、数据生命周期管理、多种数据类型处理和数据间的相互共享等核心主仓的处理能力和存储能力提出了更大需求，基于湖仓一体架构的"事务支持""数据范式"的技术能力减少了数据的各种 ETL，让 AI、批量计算、实时计算、BI 分析基于一套存储、一套模型实现，从而降低了数据流转的复杂度，硬件成本仅为此前的十分之一。同时，在大规模海量分析场景下，性能获得了近 20 倍的提升。

业务标签共享

"各自为政、条块分割、烟囱林立、信息孤岛"，共享交换的数据无法让业务人员快速理解和使用数据，数据获取成本不断增加，这些都是典型的数据共享交换场景。通过识别业务特征，提炼业务标签，构建业务标签库，使标签能够作为数据共享交换的"通关凭据"，贯穿数据共享交换的全生命周期，这是另一种数据共享服务建设思路。

标签体系建设包含基础标签库、业务标签库、交换标签库、安全标签库，具备可拓展能力，并可在此基础上开展数据交换标签体系建设，如图 5-27 所示。通过"标签 + 数据"的流转，控制数据交换行为，并有效跟踪数据，发挥审查作用。

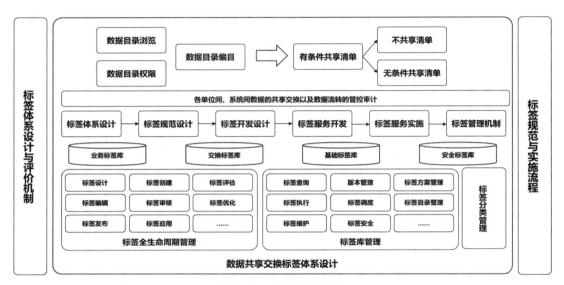

图 5-27 标签体系建设

以某能源企业为例，集团很早就开始业务标签的应用，将营销数据、客户服务数据、配网数据、气象信息、社交网络等多角度多层次的数据进行有机整合，以"标签"的形式构建多层次、多视角和立体化的客户全景画像，为营销、计量、设备等多个部门提供数据共享应用，从而使业务人员能够快速获取客户基本信息、用电偏好、信用风险、行为特性等精细特征，提高客户服务的精细化、差异化程度，提高营销方案设计的针对性和有效性。

DataOps

在数据管理的早期，ETL 工具作为管理多种类型异构数据加工、转换、处理的强大工具，发挥了重要作用。但是，随着传入的数据种类、真实性和数量的爆炸式增长，对可扩展性和高速数据分析的需求越来越迫切。ETL 自身的维护成本高、开发难度大、数据关系无法管理等缺陷也被无限放大。同时，随着数据量、数据维度的增加，用户获取数据的成本越来越大，数据的可访问性也成为所有企业面临的重要问题。

在数据驱动的大背景下，越来越多的组织已经意识到数据的价值，并采取措施加速建设信息系统、数据基础设施和数据能力。随着数据需求激增，组织的数据引擎的动力略显不足。数据工作链路长、工具杂、协同差，数据准备时间长、可信度低、用数难等管理和治理问题浮出水面。DataOps 以破局者的身份出现在大家的视野当中，为企业的数据引擎换挡加速。

DataOps 倡导协同式、敏捷式的数据资产管理，通过建立数据管道，明确数据资产管理的流转过程及环节，采用技术推动数据资产管理自动化方式，提高所有数据资产管理相关人员的数据访问和获取效率，缩短数据项目的周期，并持续改进数据质量，降低管理成本，加速数据价值释放。如图 5-28 所示。

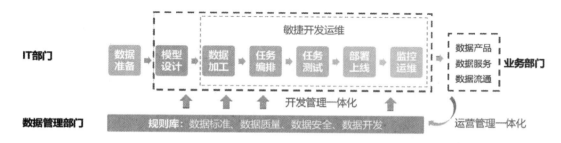

图 5-28 基于 DataOps 的共享服务体系

主数据共享

前面的章节，我们重点阐述了主数据管理体系的建设思路。主数据管理是数据资产管理实践的重要切入方法之一，其建设策略是从解决核心业务实体数据的质量和业务协同入手，推动生产环节在客户、物料、组织机构、产品、统一编码等数据上保持一致。主数据目的是建立企业基础数据共享"语言"，打破各系统信息交互壁垒，可以支撑客商、物料、设备、指标等重要基础数据在多个系统内充分共享和高度复用。如图 5-29 所示。

主数据应用管理是保障主数据落地和数据质量非常重要的一环。主数据应用主要包含 3 部分内容：明确管理要求、实施有效管理、强化保障服务。

（1）明确管理要求：制定主数据应用管理制度规范，对主数据的应用范围、应用规则、管理要求和考核标准做出明确规定，并以此为依据，对主数据应用进行有效管理。

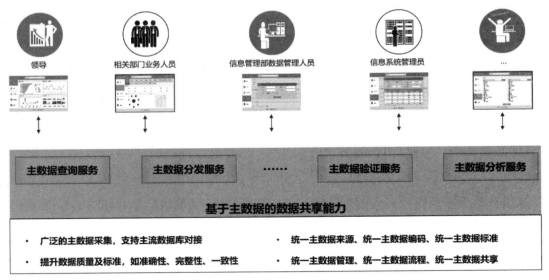

图 5-29 基于主数据的共享服务体系

（2）实施有效管理：主数据应用点多、面广、线长，管理难度很大，想要实施有效管理，就必须有健全的制度和可行的手段，在关键控制节点实施重点管理。

（3）强化服务保障：依靠便捷、可靠的主数据服务为主数据应用提供保障，包括主数据查询、主数据同步、主数据申请和主数据调用。有条件的单位可以将主数据服务深入业务流程，从业务端发起请求，驱动主数据管理和服务，形成管理和应用的有机协同。

CHAPTER

第 **6** 章 # 信创落地实践方法论

基于全栈中间件的
信创实践技术与方法

在前面的章节中，我们已经阐述了全栈中间件体系中的应用支撑、应用集成、云原生以及数据管理领域的迁移实践方法论，但相关内容侧重于技术架构层面的设计和技术原理的解析。本章将从管理者的视角出发，结合典型企业实际情况，从信创迁移全过程全环节的角度来阐述如何完成信创的落地实践。

6.1 摸家底，盘点现有信息化 IT 资源台账清单

在应用迁移过程中，常常会遇到各种问题，比如组件不适配、环境依赖缺失、兼容性无法保证等。这些困难会导致迁移进度延误，从而超出预期成本。这些问题主要源于前期调研不足，迁移人员对应用系统了解不清晰，在迁移时选择了强行推进，并且当问题出现时又没有相应的解决方案，只能临时寻求帮助。

相反，如果能提前掌握信息，在应用迁移验证阶段进行全面调研，详细了解待迁移系统的特点，基于实际情况修改和调整迁移方案，减少迁移阶段可能出现的问题，那么迁移过程就能顺利进行。

一般而言，在信创应用迁移的调研过程中，可以从业务应用的基础设施、系统架构、应用架构、运维体系、安全保障等方面进行调研，全方面了解相关信息。

1. 基础设施调研

调研涉及的基础软硬件设施情况，主要包括芯片、服务器、存储、网络设备、终端、外设、云平台等软硬件设备的数量、品牌、型号、配置、用途等。

芯片对计算能力的提升起到了决定性的作用，是支撑 IT 系统运作的"发动机"。中国芯片产业在 EDA 设计工具和制造流片环节较为薄弱，存在产业链上下游产值失配的情况。全球视角下，集成电路的竞争最终将表现为产业链之间综合实力的竞争。中国芯片产业的发展需要全链路协同，以突破一批核心技术，完善产业链各环节的配套能力。

国内市场上主流国产 CPU 厂商包括采用 x86 架构的兆芯、海光，采用 ARM 架构的飞腾、华为，采用 MIPS 架构的龙芯，以及采用 Alpha 架构的申威。聚焦信创市场，除性能、功耗、价格等常规市场因素外，"生态建设与技术自主"也

在影响着各厂商的长远发展。在生态方面，基于 x86 和 ARM 架构的 CPU 与下游软硬件的兼容性较好，适配产品较为丰富，对用户使用较为友好。基于 MIPS 和 Alpha 架构的 CPU 在高性能计算、嵌入式工控机等特定领域应用较好，市场化仍有待进一步发展。借信创契机，各国产 CPU 厂商都在加大自研力度，加速产品迭代，有利于产业长远的发展。

下面以某企业的迁移过程为例进行阐述。

某企业计划进行应用迁移改造，目标是将涉及多媒体数据处理的监控系统从原先的 Windows 系统和 x86 架构服务器 CPU 迁移到使用 ARM 架构 CPU 的国产系统服务器上，如图 6-1 所示。

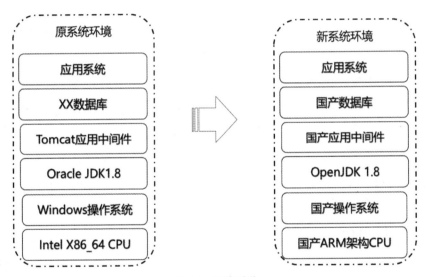

图 6-1 环境迁移

经过详细调研和环境迁移测试后，发现存在如下迁移难点：

- 系统涉及对流媒体数据的处理，需要依赖 CPU 指令集，但 ARM 架构 CPU 并不包含该指令集。
- 系统涉及图片处理，依赖于 JDK 中的私有类库，但在迁移后使用的 OpenJDK 中并不包含这些类库。
- 系统中的监控模块只能监控 Windows 系统，无法对类 Linux 系统进行监控。

通过这样的调研过程，我们可以在应用系统迁移前尽可能详细地了解系统的相关信息，这对于顺利进行应用迁移起到了积极作用。

2. 系统架构调研

系统架构调研主要是了解业务系统外部使用的软硬件环境、部署架构等信息，如图 6-2 所示。

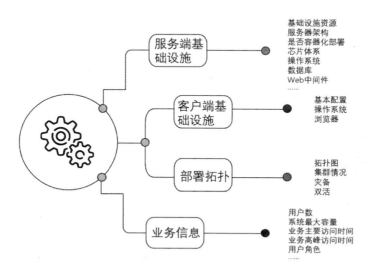

图 6-2 系统架构调研信息

我们可以从以下两个方面进行系统架构调研。一方面，需要考察应用在服务端的运行情况，判断应用是否对基础设施有依赖和关联，并了解使用的各种软硬件是否具有特殊性。另一方面，需要详细调查业务系统的主要用户及其环境。例如，某些应用可能采用多种身份认证方式，如果需要 U 盘加密认证，那么用户是使用通用小型机还是特定设备来做认证服务器？这些设备是否需要在迁移过程中进行更换？对于 B/S 模式的应用，用户主要通过浏览器进行业务交互，在客户端设施升级后，浏览器可能会发生哪些变化，整体兼容性能否得到保证？所有这些细节都需要提前了解清楚。

除了需要调研业务系统运行和使用环境外，还需要对部署拓扑结构、灾备配置等信息有清晰的了解，因为这些配置也涉及迁移后正式环境的使用。此外，需要确定哪些系统使用人数较少，不涉及重要数据，甚至可能一个月只需有几天上线提供服务即可；更需要确定哪些系统涉及生产数据，要求高可靠性，7×24 小时在线提供服务且必须实时数据备份。对于数据备份环境，需要了解使用的系统、软件以及备份方案，并确定迁移后是否保持原有备份系统或者是否需要与新的备份系统对接。所有这些情况都需要充分掌握。

3. 应用架构调研

应用架构调研是针对业务系统本身的调查，调查项如图 6-3 所示。

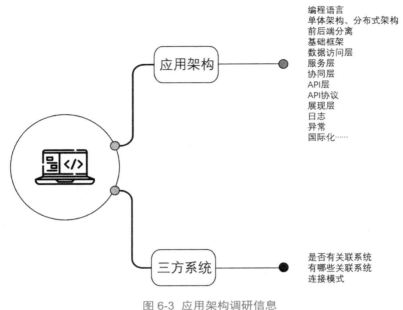

编程语言
单体架构、分布式架构
前后端分离
基础框架
数据访问层
服务层
协同层
API层
API协议
展现层
日志
异常
国际化……

是否有关联系统
有哪些关联系统
连接模式

图 6-3 应用架构调研信息

在应用架构调研中，需要着重了解应用的体系架构、应用类型和架构风格。

体系架构

应用的体系结构主要分为 B/S（浏览器 / 服务器模式）架构与 C/S（客户端 /
服务器模式）架构。

微软 .Net 平台是最常用的 C/S 架构。对于这类应用，重新开发项目是最佳选择。
理论上，.Net 平台可以迁移到国产环境，但在实际操作中几乎无法实施。大部分
用于迁移的框架和组件长期未得到维护，同时这些组件只支持较低版本的 .Net，
强行上线运行会引发各种问题，而且没有技术人员能够提供解决方案。此外，在
与国产数据库对接时也会面临各种问题。因此，对于基于 .Net 平台的应用来说，
迁移实质上等同于重构。

C 和 C++ 也可以实现 C/S 架构，很多常用的算法库也是用 C 和 C++ 编写的。
对于这类项目的迁移，如果有特定的技术要求（如速度、效率、硬件调用、并行计算、
图形计算、加密算法等），仍然可以使用 C 和 C++。然而，在国产系统中使用 C
和 C++ 可能会遇到依赖库缺失或版本不全的问题，用户需要自行寻找依赖库的源

代码，并逐个进行编译后才能进行迁移部署。对于无特定技术要求的遗留业务系统，建议采用 Java 体系进行重写，利用新的技术体系完成升级。例如，将它改造为分布式微服务模式，并利用微服务进行治理，同时借助云服务对服务进行动态伸缩，以满足不同场景下的性能和稳定性要求。

如果原有系统可以适配 B/S 架构，那么基于 Java 体系的特点，迁移到新的服务器系统会比较顺利。

应用类型

不同应用类型对于应用服务器的架构要求如图 6-4 所示。

图 6-4 不同应用类型对于应用服务器的架构要求

对于企业级应用（EAR 应用）的迁移，需要确保相关中间件完整支持 Java EE/Jakarta EE 体系规范，如 Jakarta EE Full Platform 标准等。轻量级应用（WAR 应用）相比企业级应用来说，不需要很多较重的模块，可以部署在满足轻量级规范的中间件（如 Jakarta EE Web Profile 标准）服务器上，更好地发挥性能。

架构风格

当前，应用的常见架构风格主要分为 SOA 单体应用和微服务体系应用，并且它们使用不同的中间件容器。对于 SOA 单体应用，可以根据应用类型选择相应的中间件服务器。而对于微服务体系应用，迁移时可以选择支持微服务体系的嵌入式中间件产品进行替代使用，改造成本较小，迁移迅速方便，仅需要调整应用 POM 中的依赖资源或者直接修改 FatJAR 中的依赖包，就能快速迁移。

无论是单体应用还是微服务体系应用，都可以通过容器技术进行封装，制作成容器化版本。然后利用开发运维一体化平台进行镜像编排，实现一键自动发布，并根据运行时资源使用情况进行动态伸缩。

4. 运维体系调研

运维体系调研需要了解的内容如图 6-5 所示。

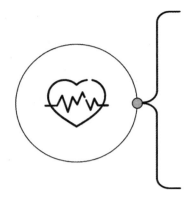

图 6-5 运维体系调研信息

在运维体系中，关注的是当前应用的上线方式，即通过人工发布还是通过自动化运维一键上线。同时，需要了解应用的发布策略，以及是否存在专门的系统对应用进行治理和监控。

此外，还需要关注业务应用与其他业务系统之间的关系，特别是在大型企业集团中，业务应用往往与其他应用存在复杂的关联关系，无法独立运行。在响应用户请求和处理数据过程中，业务系统涉及内部系统间甚至跨集团的服务请求，并向外部系统提供接口供第三方访问。如果不清楚这些关系，迁移只能保证应用成功部署和运行，但业务处理链路将无法连接，从而导致业务无法正常使用。因此，在迁移过程中需要详细调查待迁移系统使用哪些第三方服务，这些服务是否需要从本系统获取数据，它们之间采用什么协议或方式进行业务调用和数据交换等。想要确保迁移的顺利进行，对于以上问题都需要进行充分调查和了解。

5. 安全保障调研

网络安全

网络安全保密防护包括物理隔离、网络设备标识与安放、违规外联监控、网络身份鉴别与访问控制、网络恶意代码与计算机病毒防治、入侵监控、网络安全审计、安全漏洞扫描、信息完整性校验、网络接口控制、电磁泄漏发射防护、备份与恢复等控制措施。

主机安全

主机安全保密防护包括设备标识与安放、打印和显示输出结果控制、设备携带、设备数据接口与网络接口控制、恶意代码与计算机病毒防治、身份鉴别与访问控制、电磁泄漏发射防护、操作系统安全、主机监控与审计、主机安全检测与评估、备份与恢复等控制措施。

介质安全

介质安全保密防护包括介质标识、介质的收发与传递、介质使用控制、介质保存、介质维修报废与销毁等控制措施。

数据和应用安全

数据和应用安全保密防护包括身份鉴别、访问控制、应用安全审计、密级标识、数据存储保护、数据存储完整性校验、数据库安全、备份与恢复、应急响应等控制措施。

在整体调研中常用到的调研表如表 6-1 ～表 6-3 所示。

表6-1 公司级调研表

序 号	单位名称	负责人	联系方式	应用系统数量	厂商信创经验
1	某集团	某主管	座机或手机	示例：100个	示例：5年

表6-2 应用级调研表

序 号	网络类型	应用系统名称	安全等级	应用系统简介	系统用户数量	系统服务时间	应用投产时间
1	内部网络	协同办公管理协同	一级	协同OA	示例：1000个	示例：7×24小时	示例：2020年10月

表6-3 系统运行环境调研表

序 号	开发平台	系统架构	开发语言	JDK版本	三方组件	浏览器支持情况
1	国内商用	微服务	Java	1.8	GIS等	火狐、360等

6.2 做规划，建立应用迁移模型方法论和评估策略

重点难点分析

在复杂的网络环境和系统环境之下，应用迁移面临着诸多挑战，包括应用迁

移数量多、技术路线选择复杂、应用架构各不相同、迁移时间压力大等。在应用迁移落地过程中，需要关注以下重点与难点。

1. 应用迁移的平滑性

为了支持应用的平滑迁移，需要尽可能避免大规模的代码修改。同时，尽量复用原有的各项生产配置，以保障业务的连续性。为了满足这样的要求，中间件需要具备较好的兼容性，能够兼容原有的功能、接口、数据和使用习惯。更重要的是，中间件需要提供便捷的迁移工具，比如源代码扫描工具、配置迁移工具和类冲突扫描工具等，以辅助实现代码、配置和数据的快速迁移。

2. 满足业务高性能并发要求

如果应用迁移带来明显的性能差距，从而导致用户使用体验不佳，将影响最终的用户体验和对迁移工作的评价。因此，在信创迁移过程中，需要优先解决如何满足业务应用的高性能、高可靠和高并发的问题。

为了保障业务高性能并发要求，中间件应提供如下的能力：

（1）支持高并发处理能力：具备足够的处理能力，能够同时处理大量的请求和数据，以满足业务应用的高并发要求。

（2）提供负载均衡功能：支持负载均衡功能，将请求分配到不同的服务器上，以避免单个服务器过载而导致性能下降。

（3）实现高可用性：实现高可用性，确保在某个服务器出现故障时，其他服务器可以接替其工作，保证业务应用的连续性和稳定性。

（4）支持缓存技术：可以采用缓存技术，将常用的数据或请求结果缓存起来，减少对数据库或其他后端服务的访问次数，提高系统的响应速度和吞吐量。

3. 如何破解应用黑盒

应用迁移后，需要能够精细地掌握系统运行情况和性能瓶颈点，但如果原有系统是一个大的单体应用，或者说是一个巨大的黑盒，则运维人员无法精准地掌握系统的运行情况，以及在出现问题的情况下无法精准定位是环境问题、系统问题还是代码问题。因此，在应用迁移过程中，需要中间件能够精准地破解应用的黑盒问题。

为了破解应用黑盒，中间件需要提供无侵入式的、足够细粒度的应用监控与诊断功能。对于单体架构应用，需要支持模块维度的度量，比如支持对 Servlet、JDBC、JNDI 等资源的运行监控；对于微服务架构应用，需要提供统一的服务治理能力，提供全链路跟踪能力。

应用迁移策略

1. 制定迁移方案

在做好必要的迁移重难点分析后，就可以着手制定迁移方案。具体的迁移方案应该遵循稳妥、可控、全面、安全的原则，涵盖以下几个方面：选择满足要求的服务提供商，选择正确的迁移内容，选择合适的迁移策略，明确部署方式和资源分配策略，明确数据及应用迁移工作的时间表，明确迁移操作步骤和问题处理步骤，总结汇报阶段性工作成果，明确相关数据转换的需求和实施计划，准备完整可行的应急预案和回退计划，制订迁移后系统的用户培训计划，确定必要的系统标准参数配置。

2. 选择迁移策略

企业在制定迁移方案之前，必须依据企业需求、评估标准和架构原则等要素选择合适的迁移策略。

在此过程中，企业需要综合考虑多种因素，比如技术成熟度、成本效益、可维护性、安全性等。在实际操作中，可以采用不同的迁移策略，比如替换迁移、系统重构或综合两种方式的混合迁移等。这些策略各有优缺点，需要根据具体情况进行权衡和选择。下面就替换迁移和重构迁移两个方面做重点阐述。

应用迁移路线一：替换迁移

在替换迁移的场景中，首先需要确保原有系统能够满足业务需求。在迁移过程中，保持原有系统架构和代码基本不变，同时将原有系统使用的基础设施，平滑替换为安全可控的芯片、操作系统、数据库、中间件等。由于应用大多深度依赖中间件，因此要求支持信创环境的中间件能够对业务系统深度兼容，并提供具体的迁移工具。

在此过程中，需要关注迁移应用的技术架构，可以将企业的应用根据技术架构进行分类，在迁移过程中，针对每个不同的技术架构选择试点应用，先行先试，积攒经验后，再对同类技术架构的应用进行批量替换，这样可以显著提升迁移的效率和成功率。

应用迁移路线二：系统重构

如果现有的业务系统无法满足后续业务扩展和性能要求，或者无法直接平滑迁移到信创环境，就需要进行系统的重构，选择具备扩展性的架构体系，支持应用的弹性伸缩和故障漂移等能力，包括支持未来应用的轻松上云等，从而实现数字化转型下对传统应用进行现代化改造的需求。

在系统重构过程中，可以采用以下步骤：

（1）评估现有业务系统的技术架构与性能瓶颈。

（2）选择符合业务需求的云原生架构，并根据实际需求进行业务开发和配置。

（3）对业务系统进行优化：包括代码优化、数据库优化、缓存优化等方面，以提高应用的性能和扩展性。

（4）将重构后的应用部署到云原生架构中，并通过 DevOps 之类的自动化运维工具实现应用的弹性伸缩和故障漂移等功能。

（5）对应用进行监控和调优，确保应用的稳定性和可靠性。

在系统重构方案中，建议采用统一应用开发平台进行现代化应用的建设。通过支持微服务架构应用开发、低代码开发、DevOps 一体化持续集成与发布能力以及服务治理能力，统一应用开发平台可以为企业带来诸多好处，主要表现在：

- 通过统一应用开发平台的支持，实现技术架构的统一，支撑应用的快速建设，这是信息化建设进入高级阶段的显著标志。
- 为应用的设计、开发、测试、部署、运维等提供完整生命周期的支撑，从而提升应用的开发质量，保障项目的进度。
- 能够积累和沉淀经验、架构知识、构件和服务，提高资产复用能力。

总之，采用统一应用开发平台是实现系统重构的重要手段，能够为企业带来显著的收益。

应用系统迁移路径如图 6-6 所示。迁移策略选择如表 6-4 所示。

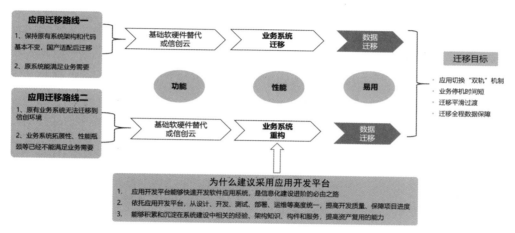

图 6-6 应用系统迁移路径

表6-4 迁移策略选择

迁移策略	特 色	优劣情况
保持不变	把应用系统重新部署到信创软硬件环境中，不改变应用系统架构，只是运行环境替代升级	属于速赢的类型，这类应用系统属于少数情况
直接替换	更换成熟产品或方案部署到信创软硬件环境中，将原有应用系统数据迁移导入	属于优先级高的类型，采用的产品方案是否适用、是否成熟需重点关注，存量数据迁移需要原厂商配合
复用适配	把应用系统重新部署到信创软硬件环境中，不改变应用系统架构，重点是做应用系统适配性改造，包括浏览器、数据库、中间件等适配	属于优先级中的类型，应用系统涵盖的软硬件技术产品均要完成适配改造，浏览器兼容性调整，数据库关键字、字段及类型差异适配调整，存量数据迁移需要原厂商配合
完全重构	基于成熟信创开发平台进行应用系统重构，提升应用系统技术架构，同时进行功能完善优化，部署运行在信创软硬件环境中	属于优先级低的类型，应用系统整体架构升级，业务流程再造，业务功能模块优化重组，实施难点复杂度增大
部分重构	具备替代条件的应用系统，基于成熟信创开发平台进行应用系统重构，提升应用系统技术架构，同时进行功能完善优化	属于优先级低的类型，应用系统整体架构升级，业务流程再造，业务功能模块优化重组，实施难点复杂度增大，同时新老系统兼容并存也是重点关注的内容

应用迁移评估

1. 应用系统迁移整体评估

安全地完成应用迁移是一项非常复杂的工作，需要进行必要的评估，规划好迁移步骤，并尽可能地避免风险。

企业在制定应用迁移方案之前，应充分做好迁移前的评估工作，包括迁移的可行性、安全性、成本风险，以及迁移后应用的可用性和合规性。

第一，企业在考虑应用迁移时，要对当前应用系统的服务需求、服务质量要求、应用投资收益性价比进行调查，并以此为基础分析应用系统迁移的可行性和必要性，因为应用迁移工作的核心问题是如何保证迁移后服务的灵活性、有效性、可扩展性和效率，确保较高的用户服务满意度。

第二，在系统、应用、服务、数据等内容的迁移过程中，有可能遭受中断、堵塞、人为错误、网络攻击等主观威胁。因此，提前对各种风险情况及其危害程度进行全面评估和掌握，从而确保迁移过程的安全性是企业必须重点考虑的问题。

第三，确保迁移后的投资回报率也是迁移工作的关键点，必须对迁移的关键开销、迁移过程的总成本、迁移后应用的运维成本、预期的服务收益率等进行细致的评估。

第四，为了确保迁移后应用的可用性，应对企业自身系统及计算资源提供商的计算服务资源进行整体评估。在企业自身方面，应根据业务性能需求考虑哪些系统、应用、服务、组件、数据等适合迁移。在计算服务提供商方面，应考虑服务提供商提供的业务内容是否符合需求、安全保障是否满足要求、企业自身系统与计算服务平台是否兼容等问题，保证迁移后的应用系统能够安全、可靠、平稳地运行。

第五，迁移后的应用合规性是迁移工作中不容忽视的问题。企业必须考虑迁移过程以及迁移后的应用运行、数据存储等情况是否符合法律法规的要求。

综合以上几点可以知道，全面有效的评估是企业进行应用迁移工作的必要步骤，是降低迁移风险、确保迁移安全、提升企业收益的必备措施，是制定应用迁移方案的必要前提，对迁移工作的平稳进行具有十分重要的意义。

2. 应用系统迁移难度价值评估

第一部分：平台和中间件迁移评估

在不改变应用的情况下，首先需要搜集原有软件平台的依赖组件情况。迁移的工作量需要根据实际依赖情况和具体依赖的组件细化分析，针对不同的情况做几个简单的分解。

- 对于开发 / 运维平台的依赖。这部分依赖一般都是和应用无关的，可以在不修改任何业务逻辑的情况下使用。但是需要注意，不同的厂商提供的能力集合不一样，界面的操作体验也不一样。从一个厂商迁移到另外一个厂商，需要考虑运维方式的变化给客户和运维人员带来的影响。

- 对于中间件的依赖。这部分依赖和应用开发强相关，应用需要选择合适的客户端程序 / 组件和中间件进行交互。有些中间件是业界标准，比如关系数据库都可以通过 JDBC 驱动进行访问，对于这些标准中间件的迁移，一般用户不需要修改自己的应用。还有些中间件不是业界标准，比如对象存储，不同的厂商提供的客户端接口不一样，客户需要修改自己的应用以适配不同的厂商。对于中间件依赖改造的工作量，很大程度取决于客户应用在开发设计的时候，是否采用了合理的设计模式来屏蔽中间件的差异。设计良好的系统，通常只需要开发新的适配器，整体的改造工作量是可控的。

- 对于领域应用的依赖。这块功能业界普遍没有标准化，不同厂商的这些功能都可以通过能力开放的方式进行外部访问。和非标准化中间件一样，切换新的提供商需要开发新的适配器来使用新的能力。

- 对于底层的虚拟机、容器，以及 IaaS 层的网络、计算、存储，目前业界普遍标准化了，在不同的云厂商之间迁移相对简单，通常不需要客户应用做出改变。但是有些特殊的场景，还是需要考虑对应的厂商是否提供了相应的技术支持，比如大型游戏需要专门的图像处理器。不同厂商的基础设施在可靠性、性能方面的差异也应该作为业务考虑的因素。

第二部分：微服务开发框架迁移评估

· 微服务开发框架的开放程度 ·

首先看微服务开发框架是否有对应的开源版本。采用开源版本，一方面可以从社区学习，另一方面可以通过阅读源代码来掌握细节，从而能够更容易进行灵活定制以适配未来业务发展的需要。然后看微服务开发框架是否技术封闭的，能否在这个框架中轻松地集成其他开源开发组件。例如常见的数据库访问组件 MyBatic、Hibernate、Spring Data 等，是否可以使用 Spring 功能，是否可以使用 Spring Boot、Web 技术等。最后看微服务开发框架对于业界流行标准的支持，例如微服务流行使用 REST 通信，那么是否支持 HTTP/HTTP2，是否支持 JAX-RS、Spring MVC 等流行的 REST 接口开发规则，是否支持使用 RPC 的方式访问 REST 接口等。

· 微服务 "云原生" 方面的支持 ·

从微服务的角度理解 "云原生"，本质上就是要回答使用该微服务框架以后，是否能够专注于业务代码开发，而不需要考虑"微服务化"以后带来的各种问题，例如多实例时的服务发现、负载均衡，微服务实例出现故障时的隔离和重试、微服务故障定界（通过调用链）和定位（比如超时）等微服务运维问题。很多微服务框架只提供了"如何解决这些问题"的功能模块和工具，但并没有帮助用户解决这些问题。在规划自己的应用系统的时候，用户不知道这些问题是什么，在业务上线运行的时候，这些问题才慢慢浮出水面。此时用户自行解决这些问题的成本通常是非常高的。

业务需要将一个开发框架换成另外一个开发框架的时候，通常期望保留现有业务处理逻辑，丢弃框架的运行时。最理想的情况是业务逻辑代码原封不动，不做任何修改，平滑地将运行时切换过来，比如将业务代码的 War 包从 Tomcat 容器切换到 Jetty 容器。

采用一个框架必然存在和框架功能交互的地方，在这里的主要内容就是服务发布部分。由于 Tomcat 容器和 Jetty 容器服务发布都支持相关的协议和规范，因此业务代码可以完全平滑地进行迁移。

对于其他业务代码部分，比如处理流程、数据访问等，需要考虑目标系统是否支持运行这些组件，如果支持，那么这些代码不需要修改，就可以平滑迁移。

如果业务代码使用了对应容器提供的工具 API，那么像 Tomcat 容器迁移到 Jetty 容器的场景，也可能需要改动代码，业务切换变得不平滑。

当出现目标框架不支持运行依赖的组件，或者服务发布方式没有对等的功能，或者工具 API 没有对等的 API 支持的时候，这种切换就会变得不可行。当然，在实际选型分析的时候，非常难以把握一些细节的不支持情况，不过倒不用悲观，实现一个业务逻辑的方式是有多种可能性的，换一种实现思路去调整原有逻辑，也能够解决一些单纯从技术上看无法对等改造的问题。

应用迁移工作规划

应用系统迁移应该遵守从易到难、分步实现、逐步深化的原则。按照有关的指导原则，综合办公类系统实现全面替代，经营管理类应替尽替，生产运营类能替尽替。一个典型的迁移任务计划表如表 6-5 所示。

表6-5 一个典型的迁移任务计划表

序号	任务	2020（第一批试点）上半年	2020 下半年	2021（第二批试点）上半年	2021 下半年	2022（全面推广）上半年	2022 下半年	2023 上半年	2023 下半年	2024 上半年	2024 下半年	2025 上半年	2025 下半年	2026 上半年	2026 下半年
1	**项目总体阶段**														
1.1	总体实施方案	■	■												
1.2	规划设计	■	■												
2	**项目设计阶段**														
2.1	需求调研	■	■	■	■	■	■	■	■	■	■	■	■	■	■
2.2	标准规范制定	■	■	■	■	■	■								
2.3	设计方案	■	■	■	■	■	■								
3	**项目实施阶段**														
3.1	适配验证中心	■	■	■	■										
3.2	SM领域替代	■	■	■	■										
3.3	基础设施替代	■	■	■	■										
	计算服务替代	■	■	■	■										
	终端外设替代	■	■	■	■										
3.4	综合办公系统替代	■	■	■	■	■	■	■	■	■	■	■			
	门户	■	■	■	■	■	■	■	■	■	■	■			
	邮件	■	■	■	■	■	■	■	■	■	■	■			
3.5	经营管理类替代			■	■	■	■	■	■	■	■	■			
	人力资源管理			■	■	■	■	■	■	■	■	■			
	客户关系管理			■	■	■	■	■	■	■	■	■			
	风险监控管理			■	■	■	■	■	■	■	■	■			
3.6	生产运营类替代							■	■	■	■	■	■	■	■
	对公对私业务							■	■	■	■	■	■	■	■
	中间业务							■	■	■	■	■	■	■	■
	核心业务							■	■	■	■	■	■	■	■
4	**实施培训与试运行**														
4.1	系统部署		■	■	■	■	■	■	■	■	■	■	■	■	■
4.2	系统上线		■	■	■	■	■	■	■	■	■	■	■	■	■
4.3	系统培训		■	■	■	■	■	■	■	■	■	■	■	■	■
4.4	系统试运行		■	■	■	■	■	■	■	■	■	■	■	■	■
5	**项目验收**														
5.1	验收申请		■	■	■	■	■	■	■	■	■	■	■	■	■
5.2	专家评审		■	■	■	■	■	■	■	■	■	■	■	■	■

6.3 选平台，应用迁移技术路线收敛与技术平台综合评定

完成了调研和规划之后，需要遵循一定的技术选择原则，综合考虑各类基础设施和中间件的技术特征，做出科学的技术路线评定，从而达成应用迁移技术路线收敛的目标。

在此阶段，要综合考虑软硬件产品成熟度、产业链支撑能力、芯片产业发展现状及国家战略等因素，选择合适的技术路线落地信创工作实施。

技术选型原则

技术选型原则包括功能性、稳定性、安全性、兼容性和易用性。

1. 功能性

目前，软硬件市场划分得非常细，如果盲目挑选多种产品，可能会产生诸如不同控制台的操作困难、软件冲突等预料不到之类的问题。选择一款功能全面的产品，不仅能满足业务上的所有需求，而且能为企业节省投入成本。

2. 稳定性

由于企业软件的消费者和生产者对于软件的理解存在差异，企业通常只能够简单地描述自己的需求，导致企业在选择技术平台产品时只注重功能是否满足，缺乏足够的测试手段或试用方案，并最终导致正式使用中出现各类问题，例如死机、卡顿、运行中断等，从而严重影响企业正常业务的开展。

3. 安全性

对于信创国产化产品来说，安全性是最基本的要求，产品拥有自主知识产权是必需的要求。由于信创用户的特殊性，国产化产品极易成为攻击者的首选攻击目标，所以需要考虑到产品可信性以及运行层面的安全性等。

4. 兼容性

兼容性也是企业选择平台产品的重要标准，由于企业员工的计算机软硬件环境复杂，而且会连接各种外接设备，因此软件产品要做到优秀的兼容性，确保在复杂的环境中也会对企业数据进行安全传输和保护。

5. 易用性

企业在选择平台产品时需要选择简单易用的软件，如果所选产品复杂难用，本来是为了提高工作效率，结果反而要在软件学习上面花费大量的时间，就得不偿失了。因此，企业在选择软件的时候不仅要结合自身情况，而且还要考虑日后的维护升级等工作。

技术路线选型

当前信创生态已经初具规模，涵盖了众多国产软硬件厂商。这些厂商包括以国产芯片、服务器和云服务为主的基础设施提供商，以及以操作系统、数据库和中间件为主的基础软件与解决方案提供商，还有以办公应用软件为代表的业务应用提供商。在如此多样化的产品中，选择合适的产品对于构建运行稳定、性能优越、平滑迁移的信创环境至关重要。

企业应当结合自身的具体情况加以权衡，依据行业、场景、目标、选型需求等不同维度进行综合考量。产品选型阶段应对不同品牌充分考察、全面评估，降低产品技术风险和依赖风险。

下面将根据我们的实施经验，同时综合业界专家的一些观点，从芯片、操作系统、数据库、基础运行环境、中间件等方面分享一些实践要点。

1. 芯片

前文讲到，芯片对计算能力提升起到关键作用，是支撑 IT 系统运作的"发动机"。芯片性能将会直接影响应用处理业务和计算速度。目前国产芯片采取了"分散突围"的策略，以兆芯、海光为代表的 x86 派，以华为、飞腾为代表的 ARM 派以及以龙芯为代表的自研派，在三种技术路线之上，建立起了截然不同的整机、操作系统以及应用生态。如何进行选择也成为摆在我们面前的一道难题。

作为直接面向用户且部署规模最大的终端设备，信创 PC 也面临着从芯片到生态的挑战。x86、ARM 和自研架构都有着各自独特的优势与应用环境，它们之间并不是非此即彼的关系，而是要基于业务和成本，在短期路线和长期路线中根据不同领域的特点来做出合理的规划。

当前信创产业正呈现群雄逐鹿的态势，发展势头虽然迅猛，但依然有着逐步推进技术路线收敛的必要性。通过选取适用于长期发展的技术路线，集中优势力量进行突破，才能有效解决发展过程中生态适配缓慢的问题，进而实现信创领域的高质量发展。

2. 操作系统

操作系统是最基础、最底层的计算机软件。在操作系统领域，已经形成了面向服务器、桌面等领域的国产操作系统生态体系。当前以麒麟、统信为核心的国产操作系统体系已经初步建立，均支持国产主流处理器，提供简单易用的图形化桌面环境、丰富的应用软件和完善的开发环境，关键领域的国产操作系统已基本完成替代，并持续在金融、交通等行业进行试点推广。未来随着基础硬件性能提升、国产软件生态逐步构建，国产操作系统将成为推动信创产品市场化的重要力量。

对于操作系统的选择，需要综合考虑系统稳定性、系统安全性、软件生态、技术支持和购买及授权条件等多个方面。根据实际应用场景的需求，选择符合组织需求的操作系统，以确保系统的稳定运行和数据安全。操作系统选型维度如图 6-7 所示。

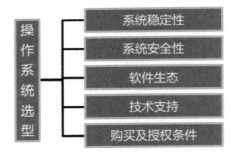

图 6-7 操作系统选型维度

系统稳定性

- 安全防护措施：选择具有完善安全防护机制的操作系统，以确保系统稳定性和数据安全。
- 成熟度评估：评估操作系统的成熟度和稳定性，特别是考虑其在不同应用场景下的表现。
- 实际应用场景：根据实际应用场景的需求，选择适用于服务器、桌面、移动设备等不同场景的操作系统。

系统安全性

- 安全认证方式：考虑操作系统的安全认证方式，比如身份验证、加密算法等，以确保系统安全性。

- 安全增强功能：选择具有安全增强功能的操作系统，比如防火墙、入侵检测、数据加密等。

- 实际应用场景：根据应用场景的安全需求，选择具有相应安全功能的操作系统。

软件生态

- 开源软件和专业软件：评估操作系统支持的开源软件和专业软件，以确保系统的软件生态丰富度。

- 兼容性评估：测试操作系统与其他软件、硬件的兼容性，以确保系统的稳定运行。

- 实际应用场景：根据实际应用场景的软件需求，选择支持相应软件生态的操作系统。

技术支持

- 技术知识库：评估操作系统提供商的技术知识库，以确定能否提供及时的技术支持和问题解决方案。

- 社区支持：了解操作系统相关的社区和支持平台，以获取更多技术支持和解决方案。

- 实际应用场景：根据实际应用场景的技术需求，选择具有相应技术支持的操作系统。

购买及授权条件

- 授权政策：了解操作系统的授权政策，包括授权方式、价格、续期等，以确定是否符合组织的需求。

- 购买及维护成本：评估操作系统的购买成本和维护成本，以确定是否符合组织的预算。

- 实际应用场景：根据实际应用场景的需求，选择具有合理授权和购买条件的操作系统。

3. 数据库

数据库作为基础软件，处于 IT 架构的中间层，向上支撑各种软件的数据应用，向下调用计算、网络、存储等各种基础资源，因此其自身的发展与上下游软硬件的发展息息相关。在国产数据库领域，已经形成了以达梦、人大金仓、神通、南大通用等为代表的老牌国产数据库厂商，以及以华为、阿里、腾讯、中兴等为代表的互联网国产数据库厂商阵营。

在信创环境下，数据库厂商更加需要与上下游在产品适配、技术研发、商业协作等方面加强合作，从而实现生态的互赢。同时，面对各行各业客户千变万化的需求，数据库厂商还需要和做咨询培训、定制化开发、部署、管理、运维的各类解决方案厂商合作，以延展自身软件的能力半径，为客户提供更好的服务。

从用户侧来看，可以采用 FURPS 模型来对数据库做全面的评估。FURPS 模型最早由惠普公司提出，用于评估软件系统的质量。1992 年，IBM 在此基础上做了优化，提出了 FURPS+ 评估模型，目前这个模型也被广泛地应用于数据库领域的评估。我们可以使用 FURPS+ 模型从图 6-8 所示的几个方面对比评估数据库[1]。

图 6-8 FURPS+ 模型

功能（Functionality）

功能评估是数据库评估的基础，涉及准确性、适当性、互操作性和安全性等方面。在进行功能评估时，需要考虑用户应用的特点，只进行必要的评估。以 Oracle 数据库为例，普通用户可能只使用其中 5% 的功能，这意味着在功能评估过程中，只有这部分功能是需要重点关注和评估的。根据用户的具体需求和使用情况，明确关注哪些功能对其业务流程至关重要，以及哪些功能可以忽略或暂时不考虑，可以使评估过程更加精确有效，避免过度投入资源和时间来评估不相关的功能，从而更好地满足用户的实际需求。

易用性（Usability）

数据库的可用性和用户体验是评估中的重要方面，包括易用性、人机交互能力、可理解性、易学性、操作性以及可访问性等。可用性在实际评估过程中常常被忽视。同样的国产数据库产品可能在功能上相差不多，不太容易区分，但是在可用性方面差异很大。如果选择了一个不合适的数据库，未来的使用学习成本将会很高。

---

[1] 徐戟. 可用于数据库对比评估的 FURPS+ 模型。

可靠性（Reliability）

数据库在一定条件下的稳定性和可靠性主要包括可用性、可恢复性、容错性、可维护性等。可靠性对于数据库来说十分重要，但评估比较困难，需要进行较长时间的 POC（概念验证）测试，并结合实际应用场景，才能对数据库的可靠性进行相对客观综合的评估。因为可靠性不仅涉及系统在正常操作条件下的表现，还需要考虑如何应对异常情况和故障，以及系统的恢复能力和容错性。

性能（Performance）

数据库的性能指标主要包括效率、容量、速度、响应时间、吞吐量等。性能是客户非常关注的方面，不过目前大多数数据库对比分析的性能评估（例如 TPC-C/TPC-H 等基准测试）都不够科学，往往并不足以证明数据库产品能否满足企业应用的需要。在进行性能对比测试时，我们需要针对企业常见的应用场景进行测试，以观察数据库在实际工作负载下的表现。这样的测试可以更好地模拟真实情况，并提供有针对性的性能评估。通过与实际应用场景相符合的测试，我们可以更准确地了解数据库在关键任务、高并发或大数据量操作等方面的性能表现。

支持性（Supportability）

数据库的可维护性和可支持性主要包括可测试性、可修改性、可重用性、可移植性、可交互性等。可维护性指系统能够方便地进行测试、修改和维护的程度。可测试性是指对系统进行有效测试的能力，以确保系统正常运行和稳定。可修改性是指系统代码和结构是否易于理解和更改，以满足不断变化的业务需求。可重用性是指组件或模块是否可以在其他项目中被有效地重复利用，以提高开发效率。可移植性是指软件系统能够在不同环境（如不同操作系统、平台）下进行部署和运行的能力。可交互性则强调系统能否与其他相关软件或系统进行无缝集成和交互，以实现更大的灵活性和互操作性。

4. 基础运行环境

针对 J2EE 规范的应用服务器中间件，满足要求的最基础条件是 JDK 版本的要求。自从 SUN 公司被 Oracle 公司收购后，长期维护的 JDK 版本逐渐转向收费升级的使用模式。因此，在新的环境中，企业大多数情况下会选择使用 OpenJDK 来支持中间件和业务系统的运行。

在进行 OpenJDK 选型时，建议按照如下方式进行评估：

- 私有库：需要和业务开发人员进行咨询，以确认是否依赖 JDK 中的私有类或者调用了某些 JDK 不建议调用的方法，这些类和方法很可能会在后续版本中发生调整，造成冲突或者缺失。
- 版本：为了确保系统的稳定性，建议主要使用长期维护的 JDK 版本，如 JDK 1.8。Oracle 的最后一个免费可用版本是 jdk1.8.0_202。在进行迁移时，尽可能与原系统的 JDK 版本保持一致。将之前的版本迁移到 JDK 1.8 上，兼容性相对较好。需要注意的是，使用 JDK 1.8 及以前版本编译的资源在 JDK 11+ 环境中可能会出现许多问题，通常需要进行调整和重新编译。

针对 Open JDK 的使用，迁移时也需要考虑不同厂商的差异。例如：华为发布的毕昇 JDK，针对 ARM 架构 CPU 尤其是鲲鹏 CPU，能协助业务系统进行性能方面的优化，提升应用业务处理和响应能力；而龙芯由于有两套指令集架构（最新的 LoongArch64 自主指令集架构与 MIPS64 架构），不同指令集 JDK 无法混用，需选择对应指令集版本的 JDK。同时，国产中间件也在加强与 CPU 厂商的优化合作，持续不断地优化 CPU 厂商提供的对应版本的 JDK，提供高效的中间件运行环境。

5. 中间件

国产应用中间件产品多数采用 hk2+osgi 的双核心架构，支持企业级特性高可用性、可伸缩性、集群、综合监控、控制台等，在易用性方面具有不输于国外商用应用服务器的能力。在选型时，可考察相关中间件是否满足下列要求：

- 全生命周期管理模块为应用提供生命周期事件管理，用户可基于标准接口扩展。
- 采用可插拔架构实现，包括 Web 容器、EJB 容器等，为应用运行和调用提供标准支持。
- 产品从协议、证书、会话、审计、预警、三员管理等维度保护对应用的访问，防止恶意攻击，最终保障企业数据安全。
- 提供负载均衡与备份能力，支持动态扩展的功能实现集群管理。

通过监控管理能力对服务运行情况进行实时跟踪，提供便捷、脱敏的日志管理功能以支持审计。

下面以应用服务器中间件为例来说明一些选型要点。应用服务器中间件为信创应用提供运行、开发与调试环境，可支撑应用的运行和交互，并处理来自客户端的请求，是信创应用迁移时必不可少的支撑软件。如果需要迁移的应用类型是企业级应用（EAR 应用），要求中间件需要完全满足 JavaEE/JakartaEE 规范的 Full Platform 版本。而对于轻量级应用（WAR 应用）迁移，由于不需要许多复杂的模块，可以部署在满足轻量级 Web Profile 标准规范的中间件服务器里，以更好地发挥相对性能。

对于使用 Spring Boot 微服务架构开发的应用，可以采用嵌入式应用服务器部署。嵌入式应用服务器具有占用资源少、高效和轻量级的特点。它与 Web 应用服务器的功能相同，支持独立的 Jar 启动，并可作为第三方依赖嵌入现有架构体系中，如 Spring Boot Fatjar 架构。

而对于云环境，可以使用容器应用服务器软件，以提供全特性版本的容器镜像，支持快速部署到容器云环境，或者作为应用构建的基础镜像使用。

技术路线评定

通过对选型原则和要点的综合考量，我们可以定义如表 6-6 和表 6-7 所示的一些产品选型评估认证考察指标。

表6-6 产品选型评估指标——能力维度

能 力	描 述
品牌能力	市场占有率 品牌知名度 人员规模
产品能力	产品性能 产品规范性 产品功能丰富度 产品使用体验
技术能力	技术先进性 技术成熟度
服务能力	咨询服务 部署服务 售后服务 安全能力 数据安全 业务安全 信创安全 价值能力 客户数量 行业应用

表6-7 产品选型评估指标——特性维度

特 性	描 述
运行环境	产品支持的平台、操作系统
功能性	基本功能支持，如标准接口兼容性、多种数据类型、字符集、触发器、函数、存储过程、序列、同义词、事务、备份恢复等。高级特性，如安全加密、审计、中间件兼容性、多租户等
高可用和容灾架构	产品是否具有成熟稳定的高可用和容灾方案，可同机房、同城、异地部署。提供高可靠复制方案，超远程多功能复制方案。两地三中心数据实时热备、故障秒级切换、多活节点、读写分离，负载均衡、应用透明连接。分布式集群可实现读写分离、可实现横向扩展等
性能和稳定性	在分析用户现有和未来业务数据量和复杂度前提下，性能和稳定性指标是否满足要求，如7×24小时稳定性测试指标
可扩展性	是否具有良好的伸缩性和灵活的配置功能，满足硬件扩展和集群系统扩展需求
安全性	分析产品提供的加密算法和标准以及具有的加密功能、审计功能、权限管理、访问控制等，评估其安全等级是否满足需求
工具和平台	产品是否提供开发、监控、运维、迁移等辅助工具和管理平台
服务质量	能否提供稳定、全面、及时、满意的产品交付和售后服务支持

6.4 上试点，应用迁移项目卡片，关键环节应用系统迁移验证

本节将给出一些根据大量迁移实践得出的经验和建议，并从实操的角度提供一些表格供企业参考。

应用系统迁移项目试点评定

如表 6-8 所示是一个应用系统迁移项目试点速赢清单，按照迁移价值和迁移难度进行综合评定，以确定试点项目的策略选择。

表6-8 应用系统迁移项目试点速赢清单

系统名称	系统简介	迁移策略
工作流平台	统一的工作流管理平台	保持不变
通用文件传输	文件传输服务	直接替换
统一数据交换	数据的分发和传输	直接替换
服务总线	服务管理平台	直接替换
通知消息	短信、邮件发送平台	直接替换

（续表）

系统名称	系统简介	迁移策略
经营分析及管理应用开发平台	应用开发平台	完全重构
统一数据报送	外部批量数据报送	完全重构
综合报表开发平台	报表开发平台	完全重构
操作风险计量	决策支持与管理应用	复用适配
远程教育	远程教育学习系统	部分重构
数据集成	集成数据的批量处理	直接替换
数据质量管理平台	数据质量管理平台	直接替换
软件数据资源管理	元数据管理	直接替换
外联通信前置	外部应用系统互联互通	直接替换
项目测试和代码配置管理	测试管理平台、代码配置管理	直接替换
内部门户	企业信息内部门户	复用适配
人力资源管理	人力资源管理	复用适配
信访管理	信访管理	复用适配
项目审批管理	科技项目管理系统	完全重构
行业信息库	业务数据和情报	完全重构
法律案件管理	提供诉讼案件的基本档案管理功能	复用适配
知识管理	在线交流平台	复用适配
金融期货结算	交易、结算、风险管理	部分重构
通用表决	审批决策在线表决平台	复用适配
工会工作管理	工会工作的管理平台	复用适配
教育培训信息	教育培训工作管理平台	复用适配
网络在线考试	远程在线考试平台	部分重构
网讯	公用信息发布平台	部分重构
业绩价值管理	业绩评价和业绩报告	复用适配
工会财务管理	账务管理、报表管理、审核查询	部分重构
分支机构管理	内部机构进行管理维护	复用适配
个人客户营销	个人客户群提供营销	完全重构
特别关注客户信息	专业"黑名单"库的预警查询系统	复用适配
操作风险计量	操作风险的计量和管理	复用适配
数据挖掘平台	数据挖掘	完全重构
应用系统统计分析	应用系统的使用和运行情况	复用适配
绩效考核管理	绩效考核管理	部分重构
外部金融信息库	数据集中发布平台	复用适配
个人客户关系管理	统一信息视图和数据分析平台	复用适配
网点营销传播	统一的信息发布系统	部分重构
综合报价	市场数据及其历史的统一维护管理和发布	复用适配
综合档案管理	信贷档案进行管理	复用适配
执法监察管理	监察以及廉政工作管理	复用适配
数据交换平台	数据的清洗、抽取、加工（数据综合）、下载	完全重构
通用网关	协议转换，数据的上传打包和下传拆包	直接替换

应用系统迁移项目卡片

应用系统迁移项目卡片是基于应用系统迁移项目试点评定形成的，主要包括项目目标、项目计划、责任部门等信息。下面以金融期货系统为例，展示一个典型的迁移项目卡片的全貌，如表6-9所示。

表6-9 金融期货系统迁移项目卡片

责任部门：信息中心

应用迁移项目目标			
迁移目标：	全栈信创体系	应用系统名称：	金融期货系统
应用迁移范围			
迁移策略：	部分重构	服务时间：	工作日8:00~21:00
系统类别：	经营管理类	部署节点：	20~50个
系统描述：	是涉及金融期货特别结算会员的交易、结算、风险管理、行情、报表、财务等业务的处理子系统	数据备份：	实时
收益：	1. 降低对国外专利技术及产品的依赖 2. 提供信息系统安全可控 3. 完善升级系统业务功能		
风险及难点：	1. 关系数据库改造迁移 2. 浏览器兼容性适配 3. 客户端设备Usb Key适配改造		

项目工作计划	
实施方案：	01/01~01/25
系统设计：	01/26~02/20
开发测试：	02/21~05/19
上线运行：	05/20~05/31

项目资源投入

资源类型	实施方案	系统设计	系统开发	系统测试	系统运维
技术人员	6	8	12	8	6

应用系统迁移资源估算遵循软件研发成本计算测算方法，介绍如下：

根据《软件工程软件开发成本度量规范》（GB/T 36964-2018）及《中国软件行业基准数据报告》（SSM-BK-202109）中定义的软件研发成本计算模型，采用方程法来确定软件研发项目的工作量和成本，具体为：

$$SDC = (S \times PDR) \times SWF \times RDF \times F + DNC$$

公式中各变量含义如下：

- SDC：软件研发成本，单位为万元。
- S：调整后的软件规模，单位为功能点数。
- PDR：生产率，单位为人时 / 功能点。
- SWF：软件因素调整因子，包含业务领域、应用类型及质量特性调整因子。
- RDF：开发因素调整因子，包括开发语言、团队经验。
- F：人力成本费率，单位为万元 / 人时。
- DNC：直接非人力成本，单位为万元。

上面计算公式中，人力成本费率 F 的计算方法为：

$$F = F2 / HM2$$

- HM2：人月折算系数，单位为人时 / 人月
- F2：人月基准单价，单位为万元 / 人月

在此基础上，每个功能点的单价的计算方法如下：

功能点单价 =（S × PDR × SWF × RDF × F2 / HM2 + DNC）/ S

即功能点单价 =（功能点数 × 生产率 × 软件因素调整因子 × 开发因素调整因子 × 人月基准单价 / 人月折算系数 + 非人力成本）/ 功能点数

应用系统迁移项目验证测试

在应用系统迁移的测试方面，需要深入适配各业务系统底层硬件环境和软件环境进行验证测试。这涉及收集原有系统的运行参数和维护情况，确定迁移工具、测试步骤、预演方案，并考虑技术规范、服务器架构、数据库服务、基础服务、并发处理能力、存储容量、响应时间等。适配与迁移前需要进行充分的测试，包括对组件功能性测试、组件集成性测试、组件性能测试、应用功能模块测试、高可靠性测试和数据备份测试。还需要进行系统各模块间数据交互与其他系统间数据交互测试，以及系统响应时间、负荷峰值、数据交换吞吐量、设备故障恢复时间等性能测试等。本节将就一些测试方法、测试过程进行阐述。

1. 迁移验证测试重要性

迁移验证测试在系统迁移项目的整个生命周期里具有十分重要的地位，用来保障软件在交给使用者之前是正常、有效和可靠的。

软件项目管理理论认为，一个完整的软件生命周期中应包括验证和测试软件的运行结果能否接近预期值，需要尽可能早地发现问题、解决问题，如果没有能够在调试的早些时候发现问题，误差就会逐步扩散，最后导致在软件的测试结果中出现重大误差。

2. 迁移验证测试方法

黑盒测试

黑盒测试也称功能测试或数据驱动测试，是指已知程序所应具有的功能，通过测试来检测每个功能是否都能正常使用。在测试时，把程序看作一个不能打开的黑盆子，在完全不考虑其内部结构和内部特性的情况下，测试工程师调用程序接口进行测试，只检查程序功能是否按照需求规格说明书的规定正常发挥作用，程序是否能适当地接收输入数据并产生正确的输出信息，并且保持外部信息（如数据库或文件）的完整性。

黑盒测试方法主要有等价类划分、边值分析、因果图、错误推测等。"黑盒"法着眼于程序外部结构，不考虑内部逻辑结构，针对程序功能进行测试。"黑盒"法是穷举输入测试，只有把所有可能的输入都作为测试情况使用，才能以这种方法查出程序中所有的错误。实际上测试情况有无穷多个，人们不仅要测试所有合法的输入，还要对那些不合法但又可能发生的输入进行测试。

白盒测试

白盒测试也称结构测试或逻辑驱动测试，是指已知程序内部工作过程，通过测试来检测程序内部动作是否按照规格说明书的规定正确实现，按照程序内部的结构测试程序，检验程序中的每条通路是否都能按预定要求正确工作。

白盒测试的主要方法有逻辑驱动、基路测试等。"白盒"法全面了解程序内部逻辑结构，对所有逻辑路径进行测试。"白盒"法是穷举路径测试，在使用这一方案时，测试工程师必须检查程序的内部结构，从检查程序的逻辑着手，得出测试数据。贯穿程序的独立路径数是天文数字，但即使每条路径都测试了仍然可能存在错误，其原因在于：第一，穷举路径测试不能查出程序违反了设计规范，即程序本身是个错误的程序；第二，穷举路径测试不可能查出程序中因遗漏路径而出错；第三，穷举路径测试可能发现不了一些与数据相关的错误。

ALAC（Act-like-a-customer）测试

ALAC 测试方法是一种基于客户使用产品的知识而开发出来的测试方法。这个测试方法的出发点是，复杂的软件产品中存在许多错误，并且用户最容易遇到的错误通常集中在软件产品或系统中常用的功能上。

在软件测试中，如果遵循 Pareto 80/20 规则，即用户 80% 的时间都在使用软件 20% 的功能，那么在有限的测试时间内，优先测试这 20% 的功能对于发现和改正错误最为有效。因此，ALAC 测试方法注重对常用功能进行测试，从而提高测试的效率和质量，降低测试成本。

这种方法类似于探索性测试，测试人员根据自己的直觉检查软件，并像客户一样使用软件。他们浏览应用程序，使用其功能，并试图从用户的角度确定任何问题或可以改进的领域。这种方法非常适合发现普通脚本测试可能遗漏的隐藏风险或错误。

这种方法对于理解现实生活中的用户可能如何使用软件十分重要。它有助于确保软件不仅满足其技术要求，而且提供良好的用户体验。ALAC 测试方法经常与其他测试方法结合使用，以对软件进行全面评估。

3. 迁移验证测试过程

一般来说，项目迁移验证的测试过程会分为 5 个步骤，分别介绍如下：

测试规划

确定各测试阶段的目标和策略。这个过程将输出测试计划，明确要完成的测试活动，评估完成活动所需的时间和资源，设计测试组织和岗位职权，进行活动安排和资源分配，安排跟踪和控制测试过程的活动。测试规划与软件开发活动同步进行。在需求分析阶段，要完成验收测试计划，并与需求规格说明一起提交评审。类似地，在概要设计阶段，要完成和评审系统测试计划；在详细设计阶段，要完成和评审集成测试计划；在编码实现阶段，要完成和评审单元测试计划。对于测试计划的修订部分，需要进行重新评审。

测试设计

根据测试计划设计测试方案。测试设计过程输出的是各测试阶段使用的测试用例。测试设计也与软件开发活动同步进行，其结果可以作为各阶段测试计划的附件来提交评审。测试设计的另一项内容是回归测试设计，即确定回归测试的用例集。对于测试用例的修订部分，也要求进行重新评审。

测试实施

使用测试用例运行程序，将获得的运行结果与预期结果进行比较和分析，记录、跟踪和管理软件缺陷，最终得到测试报告。

配置管理

测试配置管理是软件配置管理的子集，作用于测试的各个阶段。其管理对象包括测试计划、测试方案（用例）、测试版本、测试工具及环境、测试结果等。

测试管理

采用适宜的方法对上述过程及结果进行监视，并在适用时进行测量，以保证上述过程的有效性。如果没有实现预定的结果，则应进行适当的调整或纠正。

4. 迁移验证测试实践

在实施信创运行环境迁移时，用户最主要的考量往往是新环境的性能水平和原有硬件能力比较如何。比如，现有应用是通过由几台服务器组建的集群进行业务支撑，那迁移后需要几台信创服务器支撑等，诸如此类的问题困扰着企业信息化决策人。

为了解决这个问题，我们与华为鲲鹏实验室经过科学规划，并搭建验证环境进行性能测试和冒烟测试，以确定最终服务器规模。

通过多次迁移适配验证和针对 CPU 能力的测试，我们发现，尽管主流国产芯片在单核数据运算能力方面不如国外商用芯片，但它们具有多核心和明显的多线程处理优势。此外，通过优化，国产芯片在多核心计算方面能够实现更低的能耗。根据我们在大量项目实践中的总结，采购同等价位的国产 CPU 具有核心数多、能耗低的优点，可以满足替换需求。在一些对性能和可靠性要求特别严格的业务系统中，我们建议按照 4:5 的比例进行迁移替换。也就是说，如果原先的业务系统使用了 4 台服务器组成业务集群来支撑服务运行，在迁移后为了确保核心业务系统运行稳定可靠，可以采用由 5 台信创服务器组成的集群模式，即可基本满足性能方面的要求。

6.5 攻难关，分析复杂应用场景，分类应对处理

打好基础，做好数字底座

在实现信创工作的平稳落地和信创应用的平滑迁移过程中，数字底座建设发挥着重要作用。解决数字底座的迁移问题，对于突破信创迁移难点具有重要意义。

数字新底座是以信息网络为基础，以数据为核心要素，综合集成新一代信息技术，围绕数据的感知、传输、存储、计算、处理和安全等环节，形成的支撑经济社会数字化发展的新型基础设施体系，实现泛在感知、泛在连接、泛在计算和泛智能化总体格局。数字新底座基础设施已成为政府和企业数字化转型发展的关键支撑。

北京市人民政府的政务名词中，城市"七通一平"数字底座即城市码、空间图、基础工具库、算力设施、感知体系、通信网络、政务云以及大数据平台（简称：一码、一图、一库、一算、一感、一网、一云、一平），是智慧城市建设中相互贯通的共性基础平台设施。"七通一平"以共性能力服务化、数据资源要素化为切入点，全面加强核心共性资源供给能力，通过"一图、一码、一感"和"一平"建立数据供给能力，通过"一云、一网"夯实数据承载能力，通过"一算、一库"提升数据智慧应用能力，综合集成向全市提供集约化、安全化、智慧化的共性资源和服务，全面推动数字化"全市一盘棋"协调发展。

上海市国有资产监督管理委员会发布"关于印发《关于推进本市国资国企数字化转型的实施意见》的通知"中提出，加快国有资本对数字经济领域的布局，构建以数字为主要特征的国资布局新态势。完善功能布局，构筑"1+N"数字赋能平台，构建具备"云、网、数、安、链、智"技术能力的国资数字整体赋能平台，

探索云接口规范统一、云资源统一调配、数据资源的共享服务等。建设交通、制造、商贸等 N 个行业数字赋能子平台。

数字新底座基础设施包括 3 个部分：

- 一是传统升级类设施：指以通信机房、管道、基站为代表的通信基础设施，包括核心机房、汇聚机房、接入机房、光缆交接箱、通信管道线路等有线部分，以及通信基站等无线部分。
- 二是应用赋能类设施：指以数据中心、边缘计算节点、智能物联感知终端为代表的设施，为智能化社会服务全面赋能。
- 三是示范创新类设施：指以数字化应用支撑、算力服务等平台为代表的基础设施。

1. 数字底座建设主要面临的挑战

在信创背景下，数字底座建设主要面临以下几个方面的挑战。

推荐目录覆盖不全

推荐目录是专家针对信创产业，在基础设施、基础软件、应用软件、云服务、信息安全等五大类信息技术创新进行规划和评估而形成的目录，其评估的内容是以通用的、市场主流的技术产品为主，而数字底座的技术复杂且专业性强，所需要的技术产品更多、更广。

关键技术依靠开源

目前，主流厂商的"端、网、云、数、安、智"等方面的关键技术都依赖开源技术建设，自主化率比较低。开源软件使用成本低，许多没实力的小厂商基于开源也能够快速搭建软件。然而，开源软件质量参差不齐，缺乏足够的打磨和验证，没有安全应急响应措施，厂商如果没有较完善的开源管理机制，则会存在很大的安全风险。

底座技术要求较高

数字底座是企业数字化转型的基础，需要全面支撑大型复杂场景，对关键技术能力、性能和体验有极高要求，有更多的技术难点、堵点有待攻克。

2. 数字底座的信创迁移方案重点考虑的方面

基于上述挑战，数字底座的信创迁移方案重点考虑以下几个方面。

统一规划、多平台整合

基于"统一标准、统一管理、统一平台、统一应用"原则建设数字底座，推进技术平台体系建设，推动 IT 资源进行综合部署和共建共享，促进"端、网、云、数、安、智"平台形成合力。

规范管理、实验室验证

制定基础技术平台管理规范和开源软件管理规范，通过信创实验室构建适合本企业应用场景的平台和技术解决方案，重点定制安全创新等差异化特性产品。适应虚拟化、云计算、大数据时代对业务性能、安全性、扩展性等方面的需要，实现国产化平台的支持，满足项目支撑、应用开发和系统定制的需求。

建运并行、可持续发展

一方面，随着数字化转型日益深入，数字底座承载的数字化业务更加深化；另一方面，新技术发展日新月异，很多问题很快就有更好的技术解决方案。数字底座需要持续建设和运营，建运并行才能够保证数字底座的可持续发展。

多举并行，翻新老系统

在信创替换过程中，老系统的翻新是比较难解决的问题。首先是老业务系统的建设团队人员流失，文档与系统对应不上，很少有人了解老系统全貌；其次是老系统用户使用多年，用户操作习惯固化，改变使用习惯的成本太高；最后就是老系统遗留的历史数据较多，要兼容和迁移老系统的数据也比较复杂。

1. 老系统的翻新工作需要注意的方面

老系统的翻新工作需要注意以下几个方面。

庖丁解牛、理清系统脉络

通过应用元数据等平台智能采集应用的特性、功能、API、界面、表单数据、请求、SQL、表以及它们之间的关联关系，通过图数据库技术建立元数据的链路，以及应用元数据之间的血缘、影响和全链路关系。帮助用户了解每个菜单、每个功能、每个界面、每个 API 关联的表单、请求和 SOL 等信息，在需要重构菜单、功能、API 或界面时能够把握功能脉络，精准重构。此外，将应用和数据层面的元数据结合，可解决多个应用之间协同重构的影响分析问题。

底座赋能、增强用户体验

用户对操作习惯很容易固化，特别是使用了多年的业务系统，因此对老应用的翻新必须重视用户体验设计。用户体验是研究目标用户在特定场景下的思维方式和行为模式，通过设计提供产品或服务的完整流程，去影响用户的主观体验，并让用户花最少的时间与投入来满足自己的需求。在企业数字化转型的过程中，通过物联网、大数据和人工智能的方式减少用户数据录入，通过智能场景帮助用户完成人机交互都是新一代用户体验的趋势。

设计方案、完成数据迁移

数据迁移需要做好完整的迁移方案，迁移前做好充分、周到的准备，迁移实施前制订详细的数据转换实施步骤，并严格按照此步骤实施数据迁移，迁移后使用检查程序和查询、报表等功能模块对数据进行校验。此外，数据迁移还需要通过数据迁移工具，实现数据从老系统到新平台的自动迁移；为确保数据的完整性，在迁移之前必须做好测试工作；对于移植过来的数据，无论是表现形式还是数据本身都应该保证数据的无损性；在系统建设和数据迁移过程中，还要保证新老系统数据和业务的连续性。

拆分模块、重构复杂应用

复杂应用主要有 3 种情况：一是系统内架构复杂，应用内部分为较多的业务模块或使用较多的技术组件，导致内部依赖关系非常复杂；二是集成类系统，相互之间在数据层、服务层、流程面和界面层互相调用、互相依赖；三是系统提供了大量的接口服务，牵一发而动全身。

2. 复杂应用迁移的处置要点

复杂应用的信创迁移需要根据每个应用的情况做单独的迁移方案，不能一概而论。复杂应用迁移也有一些处置的要点需要注意。

拆分模块、理清依赖

针对大型项目，先做好模块拆分工作，根据模块拆分的情况逐步替换。模块拆分的具体情况要根据每个项目单独设计，大体上遵循以下原则。

原则一：业界有成熟产品的模块优先拆分。一个大型软件的某个模块可能在业界存在成熟的专业软件，这样拆分重构时可借鉴的内容较多，业界相关的人才也比较多，能够在很大程度上降低这个模块重构的风险。

原则二：需求变化较多的模块优先拆分。这些模块自身处于不断的发展过程中，业务不断有新的需求，对 IT 的自主可控能力要求比较高，这些模块可以优先拆分。

原则三：非功能性技术要求比较高的模块优先拆分。大型企业软件中不同模块的服务要求是不一样的，比如，有些模块提供 7×24 小时的服务，有些模块提供 5×8 小时的服务，有些模块给几百人的部门使用，有些模块给整个集团几万人使用。在模块拆分时，需要充分考虑服务对象、服务时间、服务要求、性能、数据量、安全和高可用等方面的非功能性要求，并根据这些要求拆分功能模块。

模块拆分完之后，重点是理清各个模块之间的依赖关系。首先需要从业务层面理清不同模块的业务上下游关系，然后需要从数据和接口层面理清模块之间的技术依赖关系，最后还要尽量避免模块之间的循环依赖问题。

做好规划、逐步重构

在模块拆分清楚的情况下，需要根据不同模块的情况按照先易后难和新外围后核心的原则，以及不同模块之间的依赖顺序做好重构规划。规划的目标是找到一条成本最低、风险最小、时间最短的重构道路。

规划的内容既包含复杂应用整体的重构计划，也包含相应的人员团队投入和资金投入计划。此外，还要选择合适的基础技术平台，并制定相关的标准规范。

针对每个模块，需要充分评估模块重构的价值和满意度，制定本模块的重构卡片，让每个人都对模块的重构有全面的理解。

协同工作、全链管理

大型企业软件经常出现牵一发而动全身的情况。比如，修改某个接口，另外两个模块的功能不能用了；修改某个界面或表单，另外几个模块的菜单打不开了；修改某个库表，另外几个模块的报表看不到数据了。因此，需要建立各个模块之间的全链管理和协同工作机制。

全链管理需要从库表、SQL、ETL、请求、API、界面、表单、流程和报表方面建立全链路的技术关系，能够做任意一项元素的血缘分析和影响分析，能够通过技术手段清晰地了解改一条 SQL 会影响哪些模块？基于血缘分析和影响分析，建立不同模块之间的协同重构工作机制，修改任一项元素需要协同重构，共同制定工作计划，协同上线。

针对攻关，破解适配难点

迁移实施工作主要包括对应用系统进行改造，确保迁移前后的应用系统具有相同的功能且运行流畅；将非安全可靠应用系统的数据迁移至安全可靠数据库中，保证数据的完整性和有效性；建立安全可靠的应用系统部署模式。

为保障迁移实施顺利进行，需要重点考虑破解以下几个方面的技术适配难点，包括操作系统、中间件、浏览器以及前台页面等。

操作系统适配兼容

由于非信创环境操作系统与国产化操作系统指令集不同，因此需要修改调用操作系统指令的代码。此外，还需要考虑很多细节，比如，操作系统默认连接文件数较小，无法达到应用系统运行要求，需修改 limits.conf 文件以增加连接文件数等。

中间件适配兼容

一般来说，在通用环境中间件下可以使用的应用部署包，在安全可靠环境的中间件下也可以直接使用。然而，在通用环境中间件下预编译的 jsp 文件（jsp.class）很可能无法正常打开，因此需要在安全可靠环境的中间件下重新编译。为解决类似这样的问题，部分中间件厂商提供多种迁移工具，可以用来提高迁移效率。这些工具中包括资源冲突检查工具、源码兼容检查工具与配置快速迁移工具等，如图 6-9 所示。

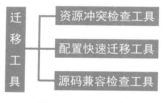

图 6-9 迁移工具

·资源冲突检查工具·

在应用迁移过程中，资源冲突问题十分常见。由于应用长时间在固定环境运行，一旦软硬件环境发生微小改变，就可能暴露问题。因此，需要针对应用所依赖的资源提供监测工具，以协助排查历史积累的问题，并生成多种格式报告，排查冲突问题，以减少业务部署和运行出错。

·源码兼容检查工具·

在业务应用中，如果在迁移前使用了开源或者国外商用中间件。有可能根据这些产品要求，使用了非 J2EE 规范的 Java 方法，并按照中间件特定方式进行一些特殊配置。这导致在迁移应用时，这些私有方法和非通用的配置无法继续使用。源码兼容检查工具基于业务系统源码和配置文件，可查找非信创中间件特有的实现、接口及配置，方便用户进行修改迁移。

·配置快速迁移工具·

应用迁移过程中，存在大量旧有业务资产，有些项目甚至是 10 年前开始运行的，随着时间推移，缺乏相应的记录文档，许多应用已经无人能确定可以在中间件服务器上修改哪些配置，这给迁移应用带来很大的困扰。使用配置快速迁移工具可以读取 Tomcat、WebLogic、WebSphere 等中间件配置，并将 JVM、数据源、连接池等配置同步到新的中间件中，以加速应用迁移和上线运行。

浏览器兼容适配

浏览器兼容适配工作，主要涉及跨浏览器和不同版本之间的兼容性处理，包括对 CSS 与 JS 代码的兼容性适配等。另外，还需要考虑办公软件的兼容性适配，在使用办公软件操作 DOC、XLS 等 Office 文件时，可能需要调用工具包，但有些工具包在国产化操作系统下无法使用。

前台页面迁移适配

很多应用系统依托 IE 浏览器开发，在国产化迁移过程中，因 IE 与国产化浏览器核心层不同，需要进行如下适配工作：

（1）iFrame 标签在国产化浏览器中的适配。

（2）修复 IE 中 document.all 与国产化浏览器的兼容性问题。

（3）修改样式表 CSS 以适配 IE 与国产化浏览器之间的兼容性差异。

（4）因为国产化终端核心处理速度较低，所以现阶段前端页面中的 struts 标签需要做适当修整以加快页面加载速度。

（5）修改适配 jQuery 的引用，以解决终端处理能力问题导致的前端页面加载速度下降。

CHAPTER

第 **7** 章 信创迁移误区
与关键要点

基于全栈中间件的
信创实践技术与方法

7.1 信创实验室建设方略

信创实验室建设背景

信创产业是国家战略性新兴产业，构建国产化信息技术软硬件底层架构体系和全周期生态体系，加快信创生态建设已成为产业共识。"信创实验室"是落实国家创新驱动发展战略的重要举措，由行业头部企业负责牵头，联合科研机构、高等院校、行业客户、软硬件生态合作伙伴，进行信创体系技术研究与能力建设，致力于提供国产生态软硬件的适配、研发、方案、集成、体验、培训等服务，打造行业级信创体系。

建设实验室的必要性

国家战略、政策指引、行业和企业发展的需求，促进了信创产业的蓬勃发展，凸显了信创实验室作为信创行业生态的重要性。

1. 国家战略层面

国际环境持续动荡，大国之间的网络主权博弈已经是"硝烟四起"，关键信息核心技术"要不来、买不来、讨不来"。基于这个背景，国家从宏观政策层面在网络安全核心技术上进行了提早布局，力争早日"关后门、堵漏洞、防断供"。《"十四五"软件和信息技术服务业发展规划》指出，"产业链短板弱项得到有效解决，基础软件、工业软件等关键软件供给能力显著提升，对船舶、电子、机械等制造业数字化转型带动作用凸显。"由此可见，关键核心技术作为国之重器，对推动我国经济高质量发展、保障国家安全都具有十分重要的意义。

2. 政策指引层面

习近平总书记多次讲到网络安全和信息化的问题，科技部、工信部、银保监会、中国人民银行等国家机构与地方政府已多次推出多项政策，核心是要逐步建立自主可控的信息技术底层架构和标准，形成自有开放生态，在核心芯片、基础硬件、操作系统、中间件、数据库等领域实现国产替代。

3. 行业需求层面

行业领域的关键信息基础设施是经济社会运行的神经中枢，是网络安全的重中之重，也是可能遭到重点攻击的目标。行业业务复杂度高，对信息系统的并发性、实时性、安全性、稳定性有着极高的要求，堪称信创工作的制高点。围绕行业生态、行业新技术、行业应用实践等方面开展研究工作，进而形成行业分析与标准论证的能力，推动行业领域标准体系化发展，保障行业关键信息基础设施自主可控。

4. 企业发展层面

企业发展需要创新，国产化替代不是简单的替代，更是一个架构升级、应用升级、业务创新的过程。通过开展行业体系研究能力建设，从顶层生态架构设计到实际生态建设，全方位构建行业应用体系和行业生态，形成企业核心竞争能力，实现降本增效，完成企业数字化转型。

建设实验室的可行性

1. 新一代 IT 基础设施产业链基本形成

当前，部分关键基础软硬件已经具备自研能力，通用处理器、操作系统、中间件、高速网络交换芯片、网络交换设备、数据库、EDA 软件、整机制造技术等关键短板和缺项实现了群体性的突破，为后续产品发展奠定了坚实的基础。涵盖"芯片－整机－操作系统－数据库－中间件－云计算"的新一代 IT 基础设施产业链已经形成，并正在从"可用"向"好用"过渡。

2. 应用国产化适配在各个行业逐步得到推广

当前，办公系统、电子公文系统等应用系统已经在党政、金融、电信等领域完成了国产替代工作，积累了比较丰富的应用经验和可行方案，实现了全业务流程优化，全要素、全系统的国产化应用，满足了行业用户在电子公文、一般业务系统等领域全方位的需求。前期实践表明，办公和管理类应用已经稳定安全运行，一般业务系统应用也基本胜任，核心业务系统已在实验室模拟建设和运行，并稳步推进。

3. 实验室在重点行业已有一定基础

当前，在电信、金融、能源、交通等重点行业，供给侧与产业侧联合共建了一批实验室，已经投入运营并取得了一定成果。实验室以行业应用需求为牵引，开展关键技术在应用体系下重大课题的研究和联合攻关，形成核心产品、解决方案、服务能力等联合创新成果，以项目方式进行成果转化，形成行业市场推广复制的长效机制。

信创实验室建设目标

建立信创实验室体系，实现联合创新，有助于达成以下目标。

1. 突破核心技术，提升核心技术能力与市场竞争力

发挥引领示范作用，广泛联合上下游合作伙伴，以突破行业领域关键核心技术为主线，打造信创的行业生态。在国产环境上对各类应用系统进行适配、验证、调优和攻关，达到降低产业机构重复试错成本，解决国外产品依赖的共性问题，形成"信创"整体解决方案、产品和实施路径，为行业提供可参考、可复制、可推广的指南和示范，为产业机构提供需求对接、产品迭代、技术攻关的机制和平台。

2. 开展应用系统适配，聚焦数据库的国产化适配

搭建基于国产化软硬件环境的仿真环境，用于核心应用系统的适配，聚焦数据库及中间件在复杂业务场景的国产化适配。构建全面的行业联合创新能力，打造完备的应用适配、数据迁移平台，形成完善的、可落地的应用系统适配工具、数据迁移工具及整体解决方案。

3. 建立标准规范，树立行业标杆

打造应用系统国产适配行业标杆，形成适用于软件技术行业的国家标准，包括但不限于信创建设体系、测试测评体系、适配验证体系，健全信息技术应用创新的产品或技术体系规范。

4. 培养专业能力，建设人才队伍

建设信创领域专业化人才队伍，形成完善人才培训机制和体系。

运营及组织管理架构

1. 运营管理架构

信创实验室的成功运营，对内可响应国家要求，为企业核心应用（BI、ERP、HR 等）提供仿真环境，孵化成熟的应用替代技术方案，结合信创实验室进行各类应用场景软硬件配型方案，制定适用于行业的软件技术标准；对外，有助于建立一套标准化、专业化适用行业客户的产品及替代解决方案。最终达到内外一体化的有机循环。

实验室整体运营管理相关方主要有头部企业、合作伙伴和行业用户，其运营关系如图 7-1 所示。

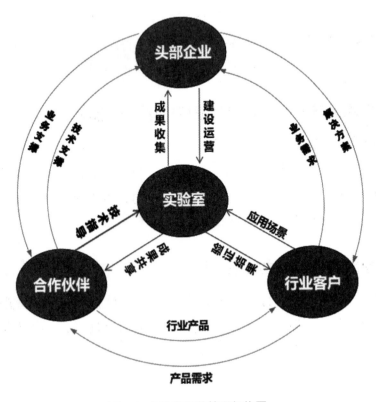

图 7-1 实验室运营管理架构图

实验室运营管理架构中各参与角色说明如下：

- 头部企业：主要负责实验室建设、运营的指导工作，牵头组建行业产业联盟，召集广大行业用户，提供经过验证的行业应用产品列表供用户选择。
- 合作伙伴：具体负责实验室承建，参与实验室运行工作，并作为行业产业联盟成员参加联盟相关工作。
- 行业用户：行业内企业向头部企业提出业务需求，并由实验室根据应用场景进行适配验证。
- 实验室：向行业用户提供测试验证平台，汇集测试验证数据，形成适配成果和成功经验并提供给行业用户。

2. 实验室组织管理

办公室是实验室的经常性管理机构，由适配中心、体验中心及产品方案中心组成。适配中心设置资源保障组、适配实施组、适配测试组；体验中心设置综合管理组；产品方案中心设置产品方案组。实验室组织架构如图 7-2 所示。

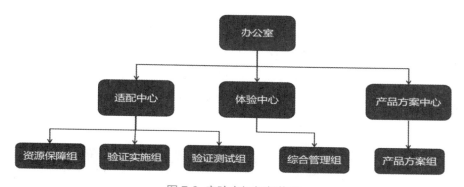

图 7-2 实验室组织架构图

实验室组织架构中各个单位的职责说明如下：

- 办公室：负责研究决定实验室开展信创验证测试工作的重点项目和重大事项。
- 适配中心：负责实验室的适配实施、适配测试、技术攻关等工作。
- 体验中心：负责实验室的日常各项行政、参观等事务工作。
- 产品方案中心：负责实验室产品和方案的收集和归档，最终形成产品和解决方案。
- 资源保障组：根据测试方案中的资源需求，为测试系统分配测试所需资源。
- 验证实施组：根据实际适配应用场景及业务需求，进行适配改造、性能调优等工作。
- 验证测试组：根据测试方案和测试用例完成具体的功能测试、性能测试、可靠性测试、兼容性测试、安全性测试等测试工作，并编制测试报告。

- 综合管理组：负责实验室日常参观、行政等事务工作。
- 产品方案组：负责实验室产品和方案的收集和归档，打造实验中输出的能力，形成产品和解决方案。

3. 工作运行机制

实验室的职责主要覆盖如下范畴。

应用适配和性能调优

·应用适配·

根据内部机构实际需要提出需要国产适配的业务应用场景，进行国产化环境应用系统适配、迁移等相关工作。

·性能调优·

根据实际业务场景下，应用系统在高并发、高性能方面存在的瓶颈进行有针对性的深度优化。

·验证测试·

验证测试贯穿整个应用适配的全周期，适配前要进行摸底适配测试，适配中要进行系统测试，适配完成要进行验证测试。

技术攻关与技术创新

·适配决策·

针对适配重要的业务基础设施需求组织专题研讨，制定相关的规划方案，指导适配工作顺利开展。

·技术攻关·

在进行复杂场景、高难度应用场景适配时，要突破核心技术壁垒，进行技术攻关。

·验证测试·

验证测试贯穿整个应用适配的全周期，适配前要进行摸底适配测试，适配中要进行系统测试，适配完成后要进行验证测试。

实验室日常管理

·日常例会·

定期召开工作例会，对实验室的运行工作进行定期跟踪汇报和推动。

·专题研讨·

针对实际适配需要、建设规划工作方针以及重要的业务基础设施需求，组织专题研讨，制定相关的规划方案，指导相关工作顺利开展。

·专家评审·

适配和创新等工作相关的评审工作，包括但不限于项目可行性调研方案评审、项目设计方案评审、产品和服务技术要求评审等，促进实验室运行工作的规范和标准化。

实验室工作运行机制如图 7-3 所示。

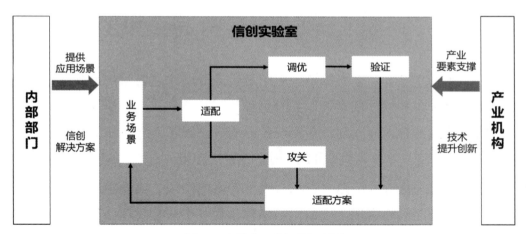

图 7-3 实验室工作运行机制图

7.2 应用国产化替代与创新的平衡

信息技术应用和创新是一个梯次发展、螺旋上升的过程。在此过程中，国产化的替代与创新是相辅相成的。以替代为基石，实现应用产品的创新与超越才是最终目标。

国产化替代与应用创新的关系

1. 全栈生态化架构提升应用技术创新能力

信息技术应用创新是围绕 IT 设备设施，从基础硬件、基础软件、应用软件及信息安全四个维度，实现与国外技术厂商全面解绑、打造国产自主可控的全栈式 IT 应用创新体系。

- 基础硬件：围绕 CPU 这颗"心脏"，实现服务器和网络设备的升级迭代。
- 基础软件：以操作系统为核心，实现 IT 设施的"灵魂"国产化，同时对数据库和各类应用产品运行所不可或缺的中间件实现国产化替代。
- 应用软件：企事业单位经营过程中所用到的业务领域专业软件、日常办公类软件等。
- 信息安全：以网络、终端安全为导向，实现软、硬件设施的全面替代。

上述信息技术从基础硬件到应用软件四个维度的应用替代与创新，需要经历适配、升级、替代、创新四个发展阶段。

适配与替代

国产化替代过程中以企事业单位应用场景为导向，将各维度层次内的软硬件产品实现纵向兼容和横向联动，以完全适配为目标，解决产业链中不同环节、不同厂商的产品技术兼容性问题。在实现各应用产品技术完全适配前提下，提升 IT 产业链的韧性和安全水平，促进 IT 应用产品替代升级。

适配与替代这两阶段是你中有我、我中有你的阶段。需要经历适配、升级、再适配、再升级，最终实现全面替代。整体呈现一个长期反复、逐步提升的持续迭代态势。

在适配过程中，涉及各维度层次间的产品适配和维度范围内相关产品的适配。比如，国产 CPU 和国产操作系统之间的适配，国产操作系统和国产中间件、数据库的适配等。当前国产 CPU 芯片划分为 ARM、MIPS 和 x86 三大体系；国产操作系统大多以 Linux 为基础进行二次开发和封装，实现核心代码自主研发；中间件涉及较多种类，比如应用服务器中间件、企业数据总线中间件、大文件传输中间件、平台开发管理中间件、业务流程中间件等。

全栈生态化架构适配矩阵表如表 7-1 所示。

表7-1　全栈生态化架构适配矩阵表

软硬件类别	CPU	操作系统	数　据　库	中　间　件	应用软件
CPU		√	√	√	√
操作系统	√		√	√	√
数据库	√	√		√	√
中间件	√	√	√	√	√
应用软件	√	√	√	√	√

　　适配与替代并非必须完成所有上下游技术架构相关产品适配后再去集中、统一地进行全面国产化替代。

　　适配与替代可以通过"综合规划、分步实施"原则，对组织内部相关产品制定替代的先后顺序，最终实现全面替代。

　　优先级别需要基于企事业单位所属行业领域、需替代产品所属产业位置等综合因素来进行综合考量。从财务成本、时间成本、相互关联关系等维度方面，对大量市场化相关项目进行综合评测，其最优顺序为"自底向上、基础先行"的替代顺序。换句话说就是，先完成 CPU、服务器、存储、操作系统等基础软、硬件设施替代，再进行基础中间件的替代，最后进行数据库、应用软件类的产品代替。例如，在完成服务器国产化替代后，就进行应用软件层面的产品替代；在进行企业服务总线替代时，发现还需要对已完成的应用软件进行二次配置与升级，这样就会造成时间和成本的浪费。

升级与创新

　　国产化软、硬件产品的大规模替代过程中，对企事业单位的资源调度能力、数据管理能力、运维管理能力等运营发展能力提出了更高的要求。同时，业务供应链各环节厂商在为用户提供国产化替代服务过程中，结合企业的数字化转型战略目标，以业务场景数字化需求为导向，深入挖掘用户对应用产品的需求，在数据业务化、数字孪生等方面有针对性地实施定制化开发，实现应用产品的升级与创新。《财富》的世界 500 强企业榜单中，中国企业的数量连续 3 年居各国之首。不同业务领域的大型企业数量越多，预示着业务应用场景越丰富并且越复杂。在如此多且复杂的业务场景里，IT 厂商必然会抓住国产化替代这一机遇，为企业提供先进的、符合企业业务场景的解决方案和数字化产品，从而促进中国的技术生态和产品生态领先于全球。

信息技术应用创新过程中自底向上式的适配与替代、升级与创新，打造了国产应用技术全栈生态化的架构体系，提升了国产化的技术应用在中国特色应用场景需求下的赋能能力，实现了国产化应用升级过程中以应用需求为导向的应用技术创新。

2. 国产化替代进程中衍生场景应用创新和服务新模式

国产化替代进程中伴随着企业数字化转型。企业数字化转型从根本上对企业的业务模式进行梳理和重塑，其场景也由"局部业务改造"演化为"全面的业务重塑"。在此过程中，我们不仅要将相关软、硬件产品替换为国产化的产品，同时也需要将企业业务重塑的新思路和 IT 领域新技术相结合，打造我们自己的创新应用新产品以及厂商服务的新模式。

新的应用创新和服务模式将围绕业务数字化、产业数字化、治理数字化、应用场景数字化等方面开展，以区块链、大数据、人工智能、物联网、通信安全等技术支撑企业在经营、管理上构建用户需求服务敏捷模型和产业生态协同模型，打造企业数据场景化运营服务新模式。

国产化替代与应用创新的平衡

信息技术的国产化替代任务是在相关规划落实期间提出的一项新的工作任务。大部分的央国企在已经编制完成的规划、数字化转型规划以及信息化相关规划中，已基本明确了未来五年的信息化建设主要方向、建设内容和重点任务。与此同时，各企业的规划任务落实情况的绩效考核指标也会上报至相关主管单位或监管单位。这种情况下，国产化替代工作势必对现有规划的工作方向、工作重点、时间安排等方面产生影响。怎样去平衡国产化替代与应用创新是需要我们重点衡量的问题。

1. 工作方向的平衡

国产化替代与应用创新这两项任务的工作目标，均是在企业业务领域范围内构建符合业务场景且自主可控的产品，两者的目标是一致的。在一致的目标下，国产化替代是以已建的存量软硬件产品替代为工作方向，应用创新是以创新应用为新的应用场景提供服务和支撑。

在此情况下，原规划中的创新应用在技术选型上就需要做出调整和优化。需要结合创新应用当前的技术路线，在合规性、适配性等方面进行评估。对于特定领域范围内的创新应用，在不符合自主可控的情况下需要做出调整；对于无特定要求的业务领域，其创新应用的技术选型则需要适配国产CPU、操作系统、数据库、中间件等基础软硬件产品。

2. 工作重点的平衡

国产化替代和已规划的重点工作需要"两手抓"，实现齐头并进、双向落实。在"时间紧、任务重"的情况下，需要投入更多的人力、物力来完成这些工作。企业需要引入第三方专业化的团队来协助自己完成这项艰巨的任务。

原规划中的重点工作计划不变，在此基础上通过对国产化替代的技术路线收敛，形成专业化团队"名录"，为国产化替代的咨询服务、产品选型、落地实施工作等提供标准和依据。通过上述这种方式，可以在不影响原规划的重点工作落实情况下，合理推进国产化替代工作的落地。

3. 时间计划的平衡

为了实现"一手抓创新、一手抓替代"两种措施并举，企业需要对既有的整体时间计划做出调整，将原规划的时间计划和国产化替代时间计划相融合。

国产化替代时间计划的制定，首先需要盘点企业内部需要国产化的硬件设备和软件产品，形成替代清单；其次是针对国产化替代清单中各类产品进行分类、分级，形成国产化替代优先级；第三是国产化替代的产品选型；第四是制定国产化替代的实施时间表，形成国产化规划工作时间计划表。

依据原工作计划的落实情况，结合国产化规划工作时间计划表，通过关键路径法、计划评审技术、专家判断等方法，合理调整未来五年的工作计划，形成可落实的时间计划表。同时，通过"PDCA"（计划、计划、检查、处理）方法对计划执行状态时间进行监控、分析和调整，以保障计划的可执行性。

7.3 开源与商业的平衡

在当今开放、共享的时代，开源与商业的关系已然由二元对立演进为相生、相渗、相化于一体的融合发展态势。就 ToB 和 ToG 产品而言，开源产品与商业化产品怎样选择，这是需要结合内外部环境进行平衡的。

开源软件与商业软件

"尺有所短，寸有所长"，这句成语用来形容开源与商业两类软件的特点再贴切不过。这两类软件的优势与不足也相当明显，我们站在信息化应用与创新场景的角度，通过以下 3 个维度来阐述开源软件与商业软件的差异。

1. 思维模式的差异

开源与商业是两种完全不同的思维方式。我们通过运营和开发两个维度来说明其模式的不同点。

运营方式

开源与商业运营方式有根本性的差异。

商业化运营以营收为目的。营收就意味着需要为客户或用户解决实际痛点，有针对性地提供专业化全链条技术服务。所提供的技术服务必然是需要闭源的。

开源的运营模式是共享。痛点共享、智慧共享、技术共享等方面在开源中体现得淋漓尽致。大家群策、群智、群力去解决大多数人遇到的问题，在贡献自己力量的同时，也享受其他人所提供的服务。

开发方式

软件产品本身是使用代码对现实世界所做的抽象，同时也是软件设计者对现实世界的认知。

商业软件的设计、开发方式是集团化、规模化的作战方式，其所固化的软件产品能力和所能达到的高度取决于软件规划设计人员和开发团队的能力。

开源软件是集众人之所长，以大众协同共享的方式协作解决大多数人遇到的问题。

2. 生命周期的差异

软件产品是有生命周期的，一个完整的生命周期可以划分为立项、开发、运维和消亡四个阶段。开源和商业软件在这四个阶段内所持续的时间有所区别。

商业软件本质就已经决定了它从立项、开发到交付应用这个过程需要与时间赛跑。无论是传统开发模式下的最小可行性产品（MVP），还是敏捷开发模式下的持续迭代，均是为了缩短产品上市的时间以抢占市场先机。产品运维和消亡阶段所持续的时间则取决于商业公司、市场环境、所处行业等多方面因素。

开源软件的模式决定了其生命周期相对较长。由于其开放、无偿的模式，在开发阶段没有紧迫性，从而造成完成一项功能或是解决一个问题的时间较长；运维和消亡阶段则取决于这个项目是否还有人感兴趣，只要有一个人还在维护和更新这个开源软件代码，那这个产品就会一直持续下去。

3. 使用成本的差异

使用成本是站在用户角度来考虑学习成本、安全成本、维护成本和依赖成本这四个维度的。

学习成本

选用商业软件就是为了拿来就用，省事、省时、省力。所付出的学习成本主要是在学习怎样操作软件这个层面。

选用开源软件则是为了在开源代码基础上进行二次开发，需要先对开源代码、框架等方面进行学习。另外就是完成开发后面向业务用户的学习（培训）成本。

安全成本

商业软件是经过市场验证过的成熟产品，其设计漏洞、代码漏洞、协议漏洞等安全方面的风险较小。而开源软件是由不同的人进行维护的，维护人员的技术能力不一，又没有经过专业化的测试和市场化验证，这就会造成潜在的安全风险成本较高。

维护成本

商业软件维护成本可以分成免费维护期和过了免费维护期两个阶段。商业软件交付使用后，在一定时期内由商业化团队免费维护，成本相对较低；过了免费维护期则需要商业磋商来确定维护成本。而开源软件是在开源代码基础上进行二次开发，维护是由自身技术团队进行，没有明显的两个阶段；其维护成本取决于开源社区是否活跃。开源社区高活跃代表暴露问题和解决问题的概率较高，有问题查找解决办法即可。开源社区低活跃则不然，遇到问题就需要一步步排查来进行解决。

依赖成本

由于商业软件在交付使用时一般不提供核心源码，故而用户对商业公司的依赖是强依赖关系，在做软件替代时需要推倒重来，替换成本较高。而开源软件由于是开源代码经自身团队进行的二次开发，核心代码掌握在自己手中，依赖的只是团队技术人员，故而依赖成本相对较低。

开源软件与商业软件的选型

通过上述对开源软件和商业软件优缺点的分析，选择开源软件需要考虑政策合规性、开源技术生态、自身技术能力等方面。用户选择开源软件还是选择商业软件，需要结合自身企业内外部情况来进行分析。

1. 所处行业

不同的行业对软件的安全性标准是不一样的。选用开源软件产品还是商业软件产品，要看用户具体所属行业的要求和业务领域的重要程度。

一些重要产业领域，如军工、航天、金融等行业对软件的安全性要求较高。核心系统则需要完全自主开发的商业化软件来支撑业务发展。而非核心的独立系统则没有那么高要求，对是否使用开源或商业软件没有相应要求。

2. 市场环境

业务领域的业务流程相对固化和标准化，所需要的软件产品在市场上就能找到较为成熟的产品，如财务系统、OA系统等。如果业务所需软件系统个性化程度较高，在市场上很难找到符合要求的软件产品，就需要进行开源代码的二次开发，或者基于商业软件进行定制化开发。

3. 应用环境

在符合行业要求范围内选用开源或者商业软件，还需要考虑应用环境的要求。应用环境的要求涉及软件系统的上线时限、软件系统开发预算等。

在行业和业务领域对开源和商业软件没有具体要求的情况下，选择开源软件还是商业软件的标准之一是要考虑业务用户需求紧要程度。开源软件需要进行选型、学习、二次开发、部署和培训等环节，时间周期相对较长；商业软件则只需要选型、采购、部署和培训安排即可使用。

从预算成本来分析，商业软件的引入成本较高、开发成本基于定制化程度、运维成本分不同阶段；开源软件则引入成本很低、开发成本和运维成本相对较高。

4. 团队配备

选择开源软件还是商业软件，还需要根据团队自身的研发能力来评估具体怎样选择。

基于开源软件二次开发时，团队需要配备业务领域专家、项目管理、系统分析、系统设计、前后端开发、系统测试等相关岗位人员。同时，配备的这些岗位人员的技术能力还需要满足业务系统的需求，初级开发工程师和高级开发工程师的业务理解能力和技术实现能力差别是相当大的。

开源软件与商业软件的平衡

在国产化替代的浪潮下，操作系统、数据库、办公软件等软件将逐步被替换为拥有自主知识产权的国产化软件产品。在国产化替代的大趋势下，企业需要在自主可控的前提下，在开源软件和商业软件两者间进行选择，具体选择二者中的哪一种软件就需要企业结合内外部环境进行平衡。

1. 开源的生态发展

我国的开源生态相较于国外起步较晚，国内第一个开源基金会——开放原子开源基金会是在 2020 年 6 月登记成立的。但是，国内的 IT 从业人员及其对开源的认知并不落后于国外，特别是在 2021 年工信部正式印发了《"十四五"软件和信息技术服务业发展规划》，提出了"加快繁荣开源生态，夯实产业发展基础"，预示着国内的开源生态将进入产业培育期并开始高速发展。

然而，开源生态的发展需要一个过程。在此过程中需要我国的企业、基金会等团体组织通过开源社区、开源项目等形式来培育和发展我国自主可控的开源软件，为我们的开源生态赋能，使我国的开源生态逐步发展壮大。

2. 开源的自主可控

开源软件在国产化替代过程中是否需要被全面替代，其前提条件是企业所使用的开源软件的代码是我国自主可控的，在业务应用过程中不会受到任何的约束和管制。

由于我国自主可控的开源生态起步较晚，企业用户在国产化替代过程中使用自主可控的开源产品来替代国外相关产品时，其替代成本相较于选择国产化的商业软件，投入成本会比较高。高成本主要体现在自主可控的开源生态还没有形成产业化，开源软件的二次开发对企业的信息化团队要求较高；开源经二次开发所形成的软件系统未经市场验证，其稳定性和可靠性有待验证等方面。

后　记

在信息技术的浩瀚海洋中，我们见证了一场应用架构领域的巨变。全栈信创中间件正像一颗冉冉升起的新星，照亮了未来的技术发展之路。本书的创作初衷，是希望通过探讨基于全栈中间件的信创实践路径，为你揭示这一变革的深远影响。

全栈中间件的必要性和发展趋势，实际上是信息技术演进的必然结果，它以全新的视角和方法，重塑了应用架构的迁移与发展方向。

在中间件迁移实施路径方面，应用支撑中间件的高可靠和高效治理成为关键。在数字化转型的浪潮中，负载均衡高可靠、应用服务器集群高可靠、缓存高可靠等技术，如同一道道坚实的防线，保障了应用的高效平稳运行。

应用集成类系统在迁移过程中面临着诸多挑战。如何进行应用集成架构设计、如何规划迁移、如何重构应用集成架构，都是我们必须面对的问题。

云原生架构是全栈信创的重要组成部分。在信创环境下，云原生架构的意义和实践已经引发了业界的广泛关注。通过精细化的资源调度、动态化的扩缩容以及智能化的运维管理，我们能够充分挖掘云原生的潜力，为全栈信创的推进提供强大的技术支撑。

数据管理的成败决定着信创工程迭代升级的成败。数据管理体系的核心框架规划、主数据管理体系建设和数据资产管理体系建设等关键环节的顺利实施，对于实现全栈信创的成功落地具有举足轻重的意义。

当然，全栈中间件的实施并不能一蹴而就，它需要一个逐步完善和优化的过程。在这个过程中，我们需要面对许多挑战和困难。应用迁移模型方法论、公司评估和应用评估等方面的重点难点分析，将帮助我们更好地理解和应对这些挑战。同时，应用迁移策略和工作规划等关键环节的合理安排，将为信创的实施提供有效的保障。

　　站在信创与数字化转型叠加的时点上向后看，我们看到不可计数的应用系统迁移改造的需求亟待满足；向前看，我们看到数字化转型带来的创新驱动的海量场景有待实现。全栈中间件信创迁移实施方法论的出现，标志着我们对于企业应用架构的驾驭进入了一个全新的阶段。

　　但是，这只是开始，未来的道路还很漫长。我们有理由相信，在未来的日子里，全栈中间件将持续发展和演进，成为推动应用架构进步的重要力量。

　　最后，再次感谢你阅读本书。希望通过本书的介绍，你能对全栈信创有更深入的了解和认识。同时，也希望本书能为你的学习和工作提供一些有价值的参考和启示。

　　让我们共同期待，基于全栈中间件的信创体系将在未来辉煌发展！